职业教育电子信息类专业系列教材

物联网工程项目实践

万　敬　孟奕峰　**主　编**

周　俊　鲜昊宏　王　琴　杨　柳　**副主编**

窦　瑶　邓　猛　姜　为　李　玲　**参　编**

刘天舒　罗　悦　杨蒙蒙

电子工业出版社·

Publishing House of Electronics Industry

北京·BEIJING

内 容 简 介

本书以物联网典型工程项目为案例，从每个项目的项目导入入手，通过项目目标、项目相关知识、关键技术及项目实施全流程对项目进行介绍，在介绍理论知识的同时，提高读者动手解决实际问题的能力。

全书共选取 6 个具有代表性的物联网典型工程项目，项目一为智慧通道系统工程项目实践，项目二为一卡通工程项目实践，项目三为智慧图书馆工程项目实践，项目四为智慧宿舍工程项目实践，项目五为智慧停车管理项目实践，项目六为门禁系统工程项目实践。所有工程项目均围绕物联网技术产业链，以任务驱动、场景式教学的方式，落实工学结合思路，将理论与实操融入每个项目实践中。

本书既可作为物联网工程技术人员的实践指南，又可作为本科、高职高专院校电子信息类、计算机类、通信类等电子信息大类相关专业师生的教学参考用书。

图书在版编目（CIP）数据

物联网工程项目实践 / 万敬, 孟奕峰主编. -- 北京：

电子工业出版社, 2025. 1. -- ISBN 978-7-121-49452-9

I. TP393.4；TP18

中国国家版本馆 CIP 数据核字第 2025218KE5 号

责任编辑：李　静

印　　刷：北京天宇星印刷厂

装　　订：北京天宇星印刷厂

出版发行：电子工业出版社

　　　　　北京市海淀区万寿路 173 信箱　邮编：100036

开　　本：787×1092　1/16　印张：12.25　字数：330 千字

版　　次：2025 年 1 月第 1 版

印　　次：2025 年 1 月第 1 次印刷

定　　价：49.80 元

凡所购买电子工业出版社图书有缺损问题，请向购买书店调换。若书店售缺，请与本社发行部联系，联系及邮购电话：（010）88254888，88258888。

质量投诉请发邮件至 zlts@phei.com.cn，盗版侵权举报请发邮件至 dbqq@phei.com.cn。

本书咨询联系方式：（010）88254604，lijing@phei.com.cn。

前 言 III

物联网是新一代信息技术的重要组成部分，物联网技术已广泛渗透到社会的各个层面，正深刻改变着传统产业形态和社会生活方式。物联网技术的应用使得设备和服务得以互联互通，极大提升了社会生产效率和人们的生活质量。

2021年3月，《中华人民共和国国民经济和社会发展第十四个五年规划和2035年远景目标纲要》提出：突出职业技术（技工）教育类型特色，深入推进改革创新，优化结构与布局，大力培养技术技能人才。2023年6月，国家发展和改革委员会等8部门联合印发的《职业教育产教融合赋能提升行动实施方案（2023—2025年）》力促校企产教融合"双向奔赴"，促进教育链、人才链与产业链、创新链的有机衔接。

本书既可作为物联网工程技术人员的实践指南，又可作为本科院校和高职院校电子信息大类物联网相关专业师生的教学参考用书。其主要面向售前、产品经理、产品测试、技术支持等技术应用型人才，以项目任务驱动的方式，从应用背景导入项目，提出项目目标，再介绍项目相关知识和关键技术，最后引导读者解决实际问题。本书通过物联网典型工程项目引导读者熟悉和学习物联网相关知识，内容安排由浅入深、循序渐进，通过深入剖析物联网工程项目全生命周期的各个环节，旨在为读者提供一个系统、全面、严谨的物联网工程项目实践指南，帮助读者掌握核心技术、培养实践能力，让读者在"做中学""学中做"，实现理实结合的技术技能人才培养目标。

本书结构清晰，内容丰富。全书包含6个物联网典型工程项目，分别为智慧通道系统工程项目实践、一卡通工程项目实践、智慧图书馆工程项目实践、智慧宿舍工程项目实践、智慧停车管理项目实践、门禁系统工程项目实践。每个项目设计架构一致，均设置了项目导入、项目目标、项目相关知识、关键技术、项目实施和项目拓展六个方面的内容，从物联网的基本概念和技术原理出发，逐步深入到工程项目的规划、设计、实施、验收及运维等方面，确保读者能够从中获得最新的知识和实践技能。此外，本书配备的项目拓展内容，可供读者进行自我检测和实践应用。

本书专注于物联网工程项目的理论知识及实践应用，具有以下4个方面的特色。

（1）以任务驱动，落实工学结合

本书不仅详细介绍了物联网工程的基本概念、原理和技术，更通过大量的实践案例和操作指导，将晦涩难懂的理论知识转化为简单易学的实际操作，实现"做中学""学中做"工学结合的效果。

（2）以典型工程项目为载体，紧跟时代步伐

在真实的智慧物联应用场景中进行解决方案的设计与实施，紧跟时代步伐，融入行业技术标准，与行业、企业、工程师及高校共同设计与开发教材内容，确保教材内容的前沿性和实用性，开阔读者视野，加深对工程项目的理解。

（3）场景式教学，提高综合素养

通过实际的项目案例进行设计和实施，培养读者的实践能力和解决问题的能力。这种场

景式教学，有助于读者在实践中深入理解物联网工程技术的实际应用。本书在内容设计上，鼓励读者发挥创新思维和解决问题的能力，提高综合素养。

（4）紧扣物联网技术产业链，支持行业工作岗位群

物联网作为当前信息技术领域的热门话题，其工作领域日益广泛，涵盖了智慧城市、工业自动化、智能家居等多条产业链。本书紧密结合了国内科研、生产和教学的实际需求。在科研方面，本书介绍了物联网工程项目理论知识，为科研岗位人员提供了宝贵的参考；在生产方面，本书通过案例分析和实践操作，帮助生产者更好地理解和应用物联网技术，提高生产效率和质量；在教学方面，本书可以作为物联网工程专业的教学参考书，有助于培养学生的实践能力和职业道德素养，使学生通过"应用场景—工作领域—岗位技术要求—岗位职责"这条主线，发掘感兴趣的岗位，树立职业理想。

本书由成都职业技术学院和成都卡德智能科技有限公司共同组织编写，四川邮电职业技术学院、绵阳职业技术学院共同编写。本书在编写期间，还得到了重庆电子科技职业大学、重庆工业职业技术学院、成都工业职业技术学院及四川信息职业技术学院的大力支持和指导，在此一并表示感谢。同时，我们也要感谢广大读者的支持和信任，是你们的关注和期待激励着我们不断进步。

尽管我们付出了最大的努力，但由于经验和水平有限，书中难免会出现一些疏漏和不妥之处，恳请广大同行专家和读者给予批评与指正。感谢您使用本书，期待本书能成为您前行路上的指引明灯。

编　者
2024 年 4 月

目　录 **|||**

智慧通道系统工程项目实践

项目导入

智慧通道系统是一套规范出行方式，使出行变得更加方便、快捷、有序的人行通道管理系统。它可兼容 IC 卡、ID 卡等传统读卡识别的设备，也能兼容指纹识别、生物识别、人脸识别等现代识别技术，可广泛用于小区、写字楼、工厂、工地、公寓楼、酒店、学校、车站、地铁站、飞机场、体育馆、会展中心、培训中心等场所。同时，智慧通道系统的应用也帮助物业智慧管理出行人。通道的不同应用场景实现的功能、采用的技术、使用的设备等都存在差异，通过需求分析，可为后续通道项目方案设计奠定基础。

项目目标

1. 任务目标

根据所学的内容，完成智慧通道系统的方案设计，硬件设备的安装、接线和配置，系统软件的安装部署和测试，并完成系统验收。

2. 能力目标

（1）能够设计特定场景下智慧通道系统方案，并编写设计文档；

（2）能够根据场景及需求进行设备选型和网络架构设计；

（3）能够完成硬件设备的安装、接线和配置；

（4）能够完成系统软件的安装部署和测试；

（5）能够对客户进行使用培训；

（6）能够熟练操作系统，能准确排除故障，并能够维护或升级系统；

（7）在工程项目实施过程中，具备"6S"管理意识；

（8）具备沟通、协调和组织能力，能够以团队合作方式开展工作。

3. 知识目标

（1）熟悉智慧通道系统的整体结构；

（2）掌握 RFID（射频识别）技术的概念、特点、分类、应用及工作原理；

（3）了解人脸识别技术的识别流程、功能模块及特点；

（4）了解二维码的基本工作过程及工作原理。

4. 任务清单

本项目的任务清单如表 1-1 所示。

表 1-1　任务清单

序　　号	任　　务
任务 1.1	方案设计
任务 1.2	硬件安装
任务 1.3	软件部署
任务 1.4	验收与运维

 项目相关知识

1.1　需求分析

1. 什么是需求分析

需求分析就是通过需求采集、需求分析、需求筛选以及需求管理的一系列过程，挖掘用户所描述需求背后的真实诉求和需要解决的问题。

需求的定义：系统必须实现用户对某种商品或服务愿意而且能够购买数量的规格说明。它描述了系统的行为、特性或属性，是在开发过程中对系统的约束。需求的提出和实现就是帮助用户解决问题的，直击用户痛点的。

业务需求：业务需求（Business Requirement）反映了组织机构或用户对系统、产品高层次的目标要求，应在项目愿景和范围文档中予以说明。

用户需求：用户需求（User Requirement）描述的是用户的目标，即用户能使用系统做什么，常常需要用户调研后，通过用例、场景描述、流程图等描述。

功能需求：产品系统的功能需求，用户利用这些功能完成任务，满足用户需求和业务需求。功能需求使用需求调研分析后的流程图、原型图、需求文档等描述。

从业务需求和用户需求到功能需求，是需求转化的过程。业务需求和用户需求，只有经过需求分析的转化，变成产品的功能需求后，才能得到实现。

需求工程如图 1-1 所示。

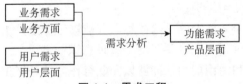

图 1-1　需求工程

2. 需求分析的角色

在政府、企事业单位的项目中，需求调研与分析的工作是必不可少的，那么在实际项目任务中，哪些角色会涉及需求分析工作呢？

在项目需求阶段，需要一名具备专业技能和项目经验的需求分析师来把控项目整体需求和需求细节；项目经理作为全程都需要接触用户、接触需求的角色，对需求的把控和管理能力是必要的；而销售/售前人员，在与用户讨论项目时，很多时候需要引导用户说出想做什么，向用户介绍该实践的类似案例，让用户产生共鸣，然后给用户规划项目，因此销售/售前人员对需求的理解能力和引导能力也是促进项目成交的关键；另外，开发工程师偶尔也会直接面向用户，接触用户需求，因此也有必要掌握一些需求分析的技巧。但通常情况下，需求分析师需要和每个角色都保持无缝的沟通，最大限度地减少需求失真情况。需求分析的角色如图1-2所示。

图1-2　需求分析的角色

3. 需求分析流程

需求分析流程包括以下过程：调研准备、需求采集、需求分析、需求输出、需求确认，以及在全程中做好需求管理。

需求分析流程如图1-3所示。

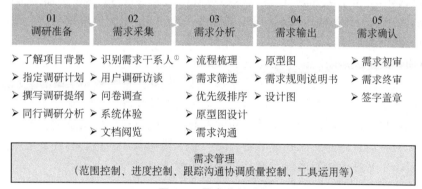

图1-3　需求分析流程

1.2　关键产品选型

1. 门禁设备的选型要求

（1）对于单门控制或门数比较少且门之间没有关联的情况，系统可采用门禁卡、控制器与读卡器联体设备、电锁等一体化门禁。

（2）对于多门之间有关联但系统属于普通安全级别的情况，系统可采用门禁卡、控制器、读卡器、电锁、管理中心软件等分体式设计。

（3）对于多门之间有关联且系统安全级别高的情况，系统可采用密码键盘、生物特征识别器、控制器、电锁、管理中心软件等。

---

① 需求干系人：指对项目需求有影响的个人、群体或组织。需求采集均需与这些干系人进行沟通调研。

2. 门禁控制器的选型要求

（1）具备防死机和自检电路设计。

（2）具备三级防雷击保护电路设计。

（3）注册卡权限存储设备的容量要大，脱机即时存储设备的容量也要足够大，存储芯片需采用非易失性存储芯片。

（4）通信电路的设计应该具备自检测功能，符合系统联网的需求。

（5）应用程序应该简单实用，操作便利。

（6）宜选用大功率知名品牌的继电器，并且输出端有电流反馈保护。

（7）读卡器输入电路需要有防浪涌、防错接保护功能。

（8）建议找控制器的厂家或者厂家指定的代理商购买。

（9）选购厂家提供质量认证书的产品。

3. 读卡器的选型要求

读卡器从读卡距离分为接触式读卡器、非接触式读卡器。

读卡器从可读卡界面分为单界面读卡器、双界面读卡器以及多卡座接触式读卡器。

读卡器从接口上来看，主要有：并口读卡器、串口读卡器、USB 读卡器、PCMICA 卡读卡器和 IEEE 1394 读卡器。

读卡器从读卡协议上可以分为两种，一种是 485 读卡器，另一种是韦根读卡器。韦根读卡器有 26 和 34 协议，这两种协议是常规协议。

读卡器从读卡类型上可分为 IC 卡读卡器与 ID 卡读卡器，IC 卡读卡器是一种非接触 IC 卡读/写设备，它通过 USB 接口实现与 PC 的连接，单独 5V 电源供电或从键盘口取电，其支持访问射频卡的全部功能。

注意事项一：是选购国产读卡器还是进口读卡器？

进口读卡器，技术较为成熟，产品的返修率低，外观设计比较精美耐看。缺点是产品的价格昂贵，服务没有国产读卡器及时，而且必须使用配套品牌的进口感应卡，进口感应卡比较昂贵。除非用户指定使用某个进口品牌的读卡器，否则建议使用国产读卡器，建议选择国内品质信誉和服务均良好的厂家的读卡器。国产读卡器和卡片的核心芯片都采用国外进口的射频芯片，目前生产技术较为成熟，产品质量有所保证。

注意事项二：是选用 ID 卡读卡器还是 IC 卡读卡器？

ID 卡是只读非接触 IC 卡的俗称，IC 卡是可读可写非接触 IC 卡的统称。ID 卡和 ID 卡读卡器的性价比和感应距离要优于 IC 卡和 IC 卡读卡器。如果只是用于门禁和考勤或者停车场一卡通，建议使用 ID 卡和 ID 卡读卡器，ID 卡在市面上比较流行且性价比较高的是 EM 卡。如果需要兼容非定额消费一卡通就只能采用 IC 卡和 IC 卡读卡器。

注意事项三：不要单从外观来判断国产读卡器的质量。

注意事项四：是选用封胶的还是不封胶的读卡器？

建议选用不封胶的读卡器。

4. 二维码读卡器的选型要求

（1）可识别纸质或者电子屏。

（2）支持宽幅电压，稳定抗干扰。剔除电压对产品使用寿命影响，要求选用无须电源转换、缩减配备费用、防静电及更安全的产品。

（3）自动感应、超强解码。支持手机、屏幕、纸质、塑料等材质自动感应，二维码、一维码、彩色码、变色码、污损码等形式精准扫码。

（4）支持静态与动态识别。

（5）支持扫描与刷卡，可识读非接触IC卡。

5. 人脸识别智能终端的选型要求

1）活体检测

活体检测功能，即判断当前识别区域中是否存在活体生物，实时测试可以有效地抵御常见攻击，如照片、面部变化、遮罩、遮挡和屏幕重新映射。

活体检测分为两种，一种是匹配型；另一种是非匹配型。匹配型需要人们根据需求执行指定的动作，如眨眼，而非匹配型不需要执行任何动作。

2）场景对应

人和场景是多变的，所以人脸识别智能终端必须要考虑外界因素、人员流动等。为了应对复杂的环境，所采用的人脸识别技术必须支持多种复杂的环境，如强光、弱光、背光等，并且可以检测各种角度的面部位置，如正面和侧面等。

只有具有以上功能才能满足门禁的要求，提高人脸识别智能终端的效率。如果人脸识别智能终端放置在室外，存在强烈的阳光、雷声和雨声的干扰，则会提高对该设备的功能要求。

3）算法部署

一般来说，人脸识别智能终端中的人脸识别算法将部署在云服务器上或本地。如果部署在云服务器上，对硬件配置要求较低。所以为了降低硬件成本，可将人脸识别算法部署在云服务器上，但是易因断电、网络断开和其他紧急情况，造成数据丢失，无法实现人脸识别功能，最好的选择是在本地部署人脸识别算法，即使离线，也不影响使用，还可以保护本地数据，避免数据丢失。人脸识别智能终端如图1-4所示。

图1-4 人脸识别智能终端

6. 道闸的选型

（1）翼闸：适用于人流量较大的室内场合，如地铁、火车站，也适用于对美观度要求较高的场合。通行速度是所有闸机中最快的。通道宽介于三辊闸和摆闸之间，翼闸如图1-5所示。

图 1-5　翼闸

（2）摆闸：在轨道交通行业一般称为拍打门，其拦阻体（闸摆）的形态是具有一定面积的平面，垂直于地面，通过旋转摆动实现拦阻和放行。拦阻体的材质常用不锈钢、有机玻璃、钢化玻璃，有的还采用金属板外包特殊的柔性材料（减少撞击行人产生的伤害）。摆闸从机芯控制方式上分为机械式、全自动式；从形态上分为立式、桥式、圆柱式。立式和圆柱式摆闸的体积较小，易于安装，但通道长度较短，行人检测模块功能会受到限制；桥式摆闸通道较长，行人检测模块功能较强，安保性更高。摆闸如图 1-6 所示。

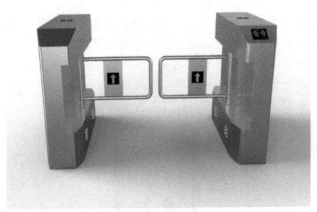

图 1-6　摆闸

（3）转闸：也叫旋转闸，由三辊闸发展而来，借鉴了旋转门的特点（最大的区别在于拦阻体不是玻璃门，而是金属栅栏）。根据拦阻体高度的不同，分为全高转闸（又叫全高闸或全高旋转闸）和半高转闸（又叫半高旋转闸），全高转闸应用比较多。拦阻体（闸杆）一般由 3 根或 4 根金属杆组成平行于水平面的"丫"形（又叫三杆转闸）或"十"形（又叫十字闸或十字转闸），一般采用中空封闭的不锈钢管，坚固不易变形，通过旋转实现拦阻和放行。转闸如图 1-7 所示。

（4）速通门：是一款针对人员通道进行智能管理的高科技产品，该产品采用工业级电路控制系统以及人性化科学的机械传动设计。该产品性能稳定、功能齐全、设计人性化、档次高，主要用于地铁、码头、会所、智能大厦、别墅小区、宾馆大堂等高档且人流量较大的场所。该设备兼容各种门禁识别系统设备，如感应卡门禁、生物识别门禁、静电测试门禁等。通过与摆闸的简单对接，即可实现智能化通道控制与管理。速通门如图 1-8 所示。

图 1-7 转闸

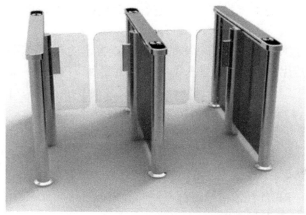

图 1-8 速通门

（5）平移闸：也叫平移门、全高翼闸等，由翼闸发展而来，借鉴了自动门的特点，拦阻体的面积较大，拦阻高度较高，垂直于地面，通过伸缩实现拦阻和放行。拦阻体的材质常为有机玻璃、钢化玻璃。机芯控制方式只有全自动式一种，形态也只有桥式一种，行人检测模块功能较强。平移闸如图 1-9 所示。

图 1-9 平移闸

 **关键技术**

1.1 RFID 技术

1. RFID 技术起源

RFID 技术起源于二战时期，是基于雷达技术发展起来的。当时，雷达技术在军事上已经被各国应用于预警正在接近的飞行目标。但雷达技术的致命弱点就是敌我不分，这就催生了主动式和被动式 RFID 系统的诞生。德国人发现当他们返回基地时拉起飞机，就可以改变雷达反射回的信号，从而和敌军的飞机进行区别，这种简单的方式可以说是最早的被动式 RFID 系统。同时，其他国家在应用雷达技术的同时，也在深入研究敌我识别系统。英国人成功研发了能识别敌我飞机的敌我识别器，当接收到雷达信号后，敌我识别器会主动发出信号返回给雷达以区分敌我飞机。这种方法被认为是最早的主动式 RFID 系统。但是，最初 RFID 技术的发展成本很高，主要应用在军事上。随着计算机技术的发展，RFID 技术才逐步应用到民用领域中。

在生活场景中，RFID 技术的使用频率很高，RFID 技术的典型应用就是二代身份证技术，身份证内嵌入 RFID 芯片，当身份证进入读卡器的感应范围内，读卡器向 RFID 芯片发出射频信号，RFID 芯片产生短暂的供电后将信息传到读卡器上，读卡器再将数据送到数据处理中心进行解码，最后得到相关信息。除此之外，RFID 技术已经在生产及包装、产品仓储、配送中心、门禁管理、产品防伪、生产物流实验系统等方面广泛应用，并且在安全生产领域也得到了较好的应用，RFID 技术的应用终将越来越广泛。

2. RFID 技术的分类

按照不同的方式，RFID 技术可以进行不同的分类，具体的分类方法如图 1-10 所示。

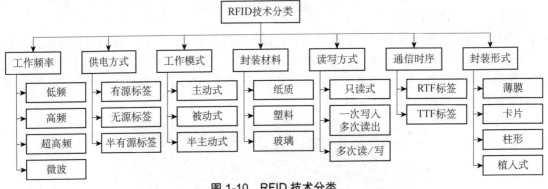

图 1-10 RFID 技术分类

3. RFID 技术的特点

（1）在扫描识别方面，RFID 技术具有识别更准确、识别的距离更为灵活的优势。RFID 技术可以识别单个具体的事物，在识别过程中可以穿透障碍物，实现无障碍识别。

（2）在数据的记忆体方面，RFID 技术的数据容量相对其他的条形码，容量较大，其最大的容量达到了 MB 级别。在不远的将来，记忆载体的快速发展将会给 RFID 技术的数据容量带来又一次的扩大。

（3）在抵御恶劣环境方面，RFID 技术的抗污染能力强。即使面对化学物质，也能有很好的抵御性，由于 RFID 卷标将数据存放在了芯片中，故能够得到有效保护。

（4）在使用方面，RFID 技术的使用次数没有上限，对芯片中的数据进行增删、修改等操作也不会受到限制，有利于信息的快速更新。

（5）在外观方面，RFID 技术读取过程不会受到产品形状大小的影响，其适用于不同产品。

（6）在数据安全性方面，RFID 芯片由于承载的是电子式信息，外界获取数据需要密码，所以数据能够得到保护。

4. RFID 系统的结构

RFID 系统的结构包括商业应用软件、中间件、读写器、天线和标签，如图 1-11 所示。

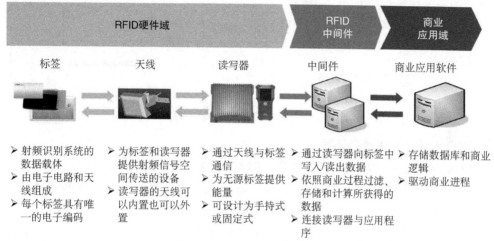

图 1-11　RFID 系统的结构

5. RFID 系统的工作原理

RFID 系统的工作原理如图 1-12 所示。首先，读写器通过天线发送特定频率的射频信号，当标签进入发射天线的工作区域时，产生感应电流，标签获取能量并被激活。然后，标签向读写器发送自身的编码和其他信息，读写器采集信息并解码。最后，读写器将信息/数据发送到后台主系统进行相关处理。

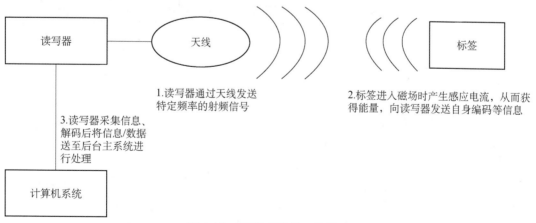

图 1-12　RFID 系统的工作原理

6. RFID 系统的耦合方式

电感耦合：电感耦合方式的电子标签大多是无源工作的，在电子标签中的芯片工作所需的全部能量由读写器发送的感应电磁能提供。

电磁反向散射耦合：即雷达原理模型，就是发射出去的电磁波，碰到目标后反射，同时携带回目标信息，其依据的是电磁波的空间传播规律。

RFID 系统的耦合方式如图 1-13 所示。

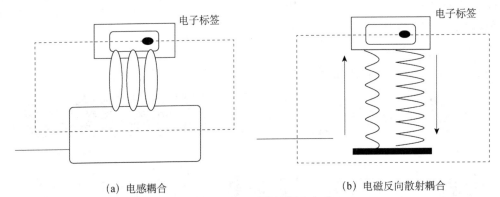

（a）电感耦合　　　　　　　　　　（b）电磁反向散射耦合

图 1-13　RFID 系统的耦合方式

7. RFID 系统的基本通信模型

按读写器到电子标签的数据传输方向，RFID 系统的通信模型主要由读写器（发送器）中的信号编码（信号处理）和调制器（载波电路）、传输介质（信道）、电子标签（接收器）中的解调器（载波回路）和信号译码（信号处理）组成。

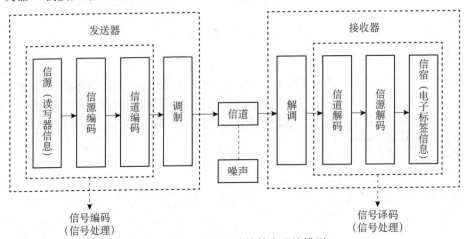

图 1-14　RFID 系统的基本通信模型

8. RFID 的工作频率划分

RFID 的工作频率划分如表 1-2 所示。

表 1-2　RFID 的工作频率划分

频　段	范　围	典型工作频率	波　长	通信距离
LF	30～300kHz	125kHz 和 133kHz	约 2500m	小于 1m
HF	3～30MHz	13.56MHz	约 22m	小于 1m
UHF	300MHz～1GHz	433MHz 860～960MHz	约 30cm	3～10m
MW	1GHz 以上	2.45GHz 5.8GHz		约 2m

9. RFID 防碰撞技术

碰撞问题一共有两类，一类是读写器碰撞问题，当同一个物理区域内存在多个不同的读写器时，若它们以同一频率同时与区域内的标签通信就会引起冲突。另一类是标签碰撞问题，如果多个标签同时处于同一读写器的有效工作区内时，可能会发生多个标签同时发送信号的情况，这时要求读写器能在很短的时间内识别多个标签。由于读写器和标签通信时共享无线信道，读写器或标签的信号可能发生信道争用、信号互相干扰等问题，从而使读写器不能正确识别标签。在实际使用中，标签碰撞是造成干扰的主要原因。

1.2 人脸识别技术

1. 人脸识别技术的定义

人脸识别技术是指利用分析比较的计算机技术识别人脸。人脸识别是一项热门的计算机技术，其中包括人脸追踪侦测、自动调整影像放大、夜间红外侦测、自动调整曝光强度等技术。人脸识别技术是基于人的脸部特征，对输入的人脸图像或者视频流，首先判断其是否存在人脸，如果存在人脸，则进一步地给出每个人脸的位置、大小和各个主要面部器官的位置信息。并依据这些信息，进一步提取每个人脸中所蕴含的身份特征，并将其与已知的人脸数据进行对比，从而识别每个人脸的身份。

2. 人脸识别技术的原理

1）人脸检测

人脸检测是指在动态的场景与复杂的背景中判断是否存在人脸，并分离出人脸。一般有下列几种方法。

参考模板法：首先设计一个或数个标准人脸的模板，然后计算测试采集的数据与标准模板之间的匹配程度，并通过阈值来判断是否存在人脸。

人脸规则法：由于人脸具有一定的结构分布特征，所谓人脸规则的方法即提取这些特征生成相应的规则以判断测试数据是否包含人脸。

样品学习法：这种方法即采用模式识别中的人工神经网络的方法，即通过对人脸数据集和非人脸数据集的学习产生分类器。

肤色模型法：这种方法是依据面貌肤色在色彩空间中分布相对集中的规律来进行检测的。

特征子脸法：这种方法是将所有人脸集合视为一个人脸子空间，并基于检测数据与其在子空间的投影之间的距离判断是否存在人脸。

2）人脸跟踪

人脸跟踪是指对被检测到的人脸进行动态目标跟踪。具体采用基于模型的方法或基于运动与模型相结合的方法。此外，利用肤色模型跟踪也不失为一种简单而有效的手段。

3）人脸比对

人脸比对是对被检测到的人脸进行身份确认或在人脸库中进行目标搜索。这实际上就是说，将采样到的人脸与库存的人脸依次进行比对，并找出最佳的匹配对象。所以，人脸描述决定了人脸识别的具体方法与性能。人脸描述主要采用特征向量法与面纹模板法。

特征向量法：该方法先确定眼虹膜、鼻翼、嘴角等五官轮廓的大小、位置、距离等属性，然后计算出它们的几何特征量，而这些特征量形成描述该人脸的特征向量。

面纹模板法：该方法是在库中存储若干标准人脸模板或人脸器官模板，在进行比对时，将采样人脸所有像素与库中所有模板采用归一化相关量度量进行匹配。

3. 人脸识别技术的识别流程

人脸识别技术的识别流程如图 1-15 所示。

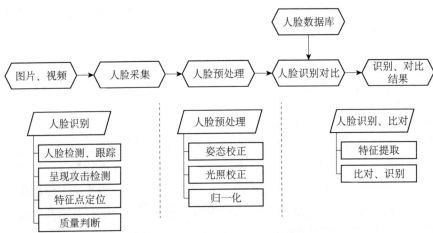

图 1-15 人脸识别技术的识别流程

4. 人脸识别技术的功能模块

人脸识别技术的功能模块如图 1-16 所示。

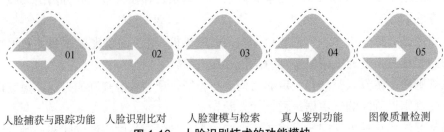

图 1-16 人脸识别技术的功能模块

5. 人脸识别技术的优点和缺点

人脸识别技术的优点和缺点如表 1-3 所示。

表 1-3 人脸识别技术的优点和缺点

优　点	缺　点
便捷性	数据存储容量小
减少接触	摄像头角度不全
提高了安全性	环境因素影响较大
高精度	有信息泄露的风险
全自动	
非强制性	
并发性	

1.3　二维码识别技术

1. 二维码的概念

二维码（二维条码）即利用某种特定的几何图形按一定规律在平面上（二维方向）分布的黑白相间的图形记录数据符号信息，利用构成计算机内部逻辑基础的"0""1"比特流的概念。二维码能够在横向和纵向两个方向同时表达信息。一维码和二维码如图 1-17 所示。

图 1-17　一维码和二维码

2. 二维码的发展史

二维码的发展史如图 1-18 所示。

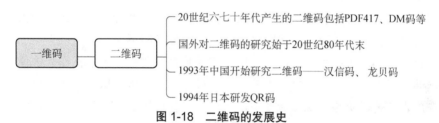

图 1-18　二维码的发展史

3. 二维码的特点

（1）高密度编码，信息容量大：可容纳多达 1850 个大写字母或 2710 个数字或 1108 字节，或者 500 多个汉字，比普通条形码信息容量约高几十倍。

（2）编码范围广，二维码可以把图片、声音、文字、签字、指纹等以数字化的信息进行编码；不仅如此，二维码还可以表示图像数据。

（3）容错能力强，具有纠错功能：当二维码因穿孔、污损等引起局部损坏时，照样可以识读，损毁面积达 30%仍可恢复信息。

（4）译码可靠性高：它比条形码的误码率百万分之二要低得多，误码率不超过千万分之一。

（5）可引入加密措施：保密性、防伪性好。

（6）成本低，易制作，持久耐用。

（7）二维码符号形状、尺寸大小比例可变。

（8）二维码可以使用激光或 CCD 阅读器识读。CCD（Change Couple Device）为电子耦合器件，CCD 阅读器较适合近距离和接触阅读。

4. 二维码的类型

二维码的类型包括堆叠式/行排式二维码（code16k、PDF417、code 49）、矩阵式/棋盘式二维码（汉信码、QR 码、MaxiCode 等）。

5. 二维码的优点和缺点

二维码的优点和缺点如表 1-4 所示。

表 1-4　二维码的优点和缺点

优　　点	缺　　点
包含更多的信息	个人信息容易丢失
编码范围广	识别二维码的设备还不够丰富
译码准确性高	容易成为手机病毒、钓鱼网站传播的新渠道
能够引入加密措施	会产生二维码诈骗
成本低，易制作	当数据不可读取时，二维码没有备份
容错能力强，具有纠错功能	

6. 二维码的业务分类

二维码的业务分类包括主读类业务、被读类业务。

7. 二维码的应用领域

依托二维码信息容量大、保密性高、编码范围广、译码准确性高、纠错能力强、成本低等特性可以开展丰富多彩的应用，按照主读和被读的分类如下。

（1）手机主读类应用：手机主读类应用是将安装有识读软件的手机作为识读二维码的工具，客户端通过摄像头识读各种媒体上的二维码进行本地解析并执行业务逻辑流程。主读类应用主要在广告宣传、防伪溯源领域使用，具体应用有拍码上网、商品防伪、食品溯源、拍码购物、信息导航、移动巡检、名片识别、信息发布等。

（2）手机被读类应用：手机被读类应用通常是以手机存储二维码作为电子交易或支付的凭证，在金融支付、电子商务和团购消费领域有广泛的使用，具体有自助值机、电子 VIP、电子优惠/提货券、电子票、会议签到、电子访客、积分兑换等。

 项目实施

任务 1.1　方案设计

【任务规划】

本任务为系统总体方案设计，包含对住宅小区智慧通道、智慧校园门禁系统、安检通道系统、工地实名人脸系统进行具体的需求分析，以及针对智慧通道设计人脸识别通道网络架构、RFID 识别通道网络架构两大部分。通过完成本任务，让读者对智慧通道系统有一个整体认识，并养成良好的方案设计习惯。

【任务目标】

（1）熟悉智慧通道系统的市场环境。

（2）掌握智慧通道系统关键设备选型方法。

（3）熟悉智慧通道系统关键设备相关参数。

（4）掌握网络架构设计的方法。

（5）能够根据不同的需求场景进行设备选型和网络架构设计。

【任务实施】

1.1　需求分析

1. 住宅小区智慧通道需求分析

1）需求概述

（1）增强人身安全，加强财产保护。

（2）可降低保安管理费用。

（3）对进出人员实时记录以进行有效控制，发现问题可及时查询。

2）功能需求

（1）以人脸识别技术为核心，支持人脸识别开门、刷卡开门、手机远程开门、二维码开门等多种开门方式。

（2）远程视频对讲。

（3）陌生人预警，故障自动上报。

住宅小区智慧通道的功能需求如图 1-19 所示。

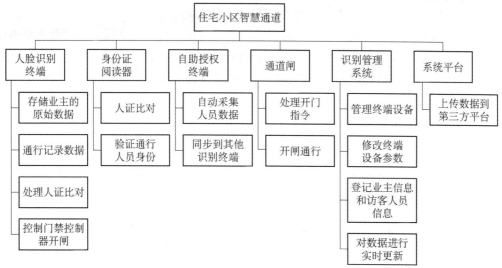

图 1-19　住宅小区智慧通道的功能需求

2. 智慧校园门禁系统

1）需求概述

（1）智慧校园门禁系统包括校门通行管理子系统、宿舍通行管理子系统、访客管理子系统、家校互通子系统。

（2）据社会调查显示，造成中小学校安全事故发生的原因，很大一部分是由外来的侵害造成的。针对以上事故原因，可以通过加强学生接送管理、校门进出人员管理、宿舍人员出入管理等来改善和避免。人脸识别技术具有识别的唯一性，身份不可仿冒，能很好地解决以上学校在安全管理方面存在的问题，为学生营造健康、安全的校园环境，这一生物识别技术的应用正在成为校园安全建设的新动向。

2）功能需求

智慧校园门禁系统的功能需求如图 1-20 所示。

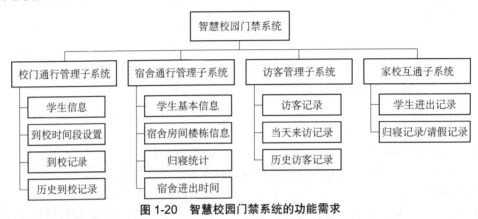

图 1-20　智慧校园门禁系统的功能需求

3. 安检通道系统

1）需求概述

目前国内写字楼的安检通道系统设备主要以 IC 卡类为主，这些识读方式都要求人员近距离操作，同时也会存在卡片或密码丢失、遗忘，被复制以及被盗用等问题。人脸识别设备使办公人员能刷脸通行，真正解决了办公人员进出及来访人员的管理，无须任何介质开门，从而节省了不少成本，如办公人员变动只需要重新登记人脸即可。写字楼大堂管理人员提前将办公人员的信息录入系统中，实现办公人员刷脸进出。访客在大堂管理中心进行登记，登记完成后，设定访客刷脸进出时间，在授权时间内访客刷脸进出写字楼。

2）功能需求

安检通道系统的功能需求如图 1-21 所示。

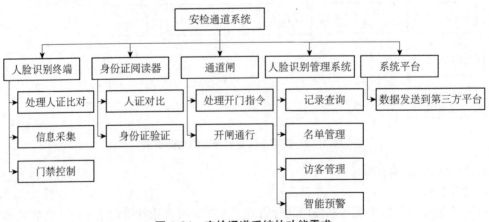

图 1-21　安检通道系统的功能需求

4．工地实名人脸系统

1）需求概述

施工环境的限制，设备、材料的安全管理不完善及部分施工人员的自我防护意识薄弱等原因，为犯罪分子提供了可乘之机。为了进一步完善建筑工地的安全管理，施工单位将监控技术引入施工现场。而综合各方面因素的考虑，无线视频监控技术，由于其自身的灵活性高、扩展性强、维护简单等优点，被许多施工单位广泛采用。

2）功能需求

工地实名人脸系统的功能需求如图 1-22 所示。

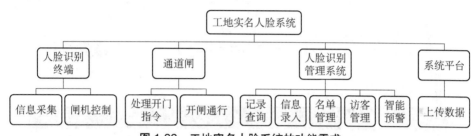

图 1-22　工地实名人脸系统的功能需求

1.2　网络架构设计

1．人脸识别通道网络架构设计

1）住宅小区智慧通道

住宅小区智慧通道的网络架构如图 1-23 所示。

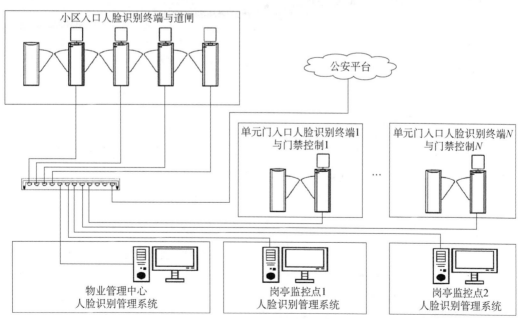

图 1-23　住宅小区智慧通道的网络架构

2）智慧校园门禁系统

智慧校园门禁系统的网络架构如图 1-24 所示。

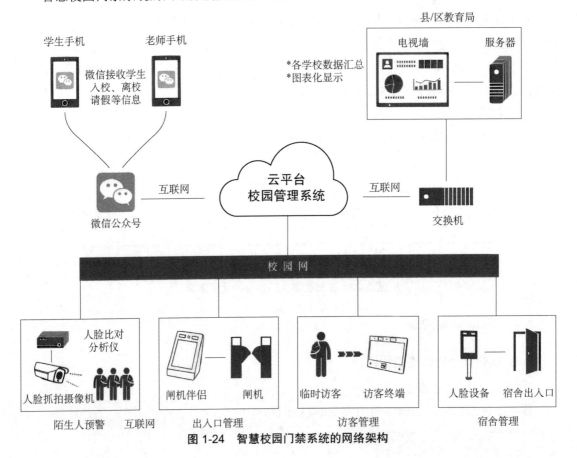

图 1-24　智慧校园门禁系统的网络架构

3）安检通道系统

安检通道系统的网络架构如图 1-25 所示。

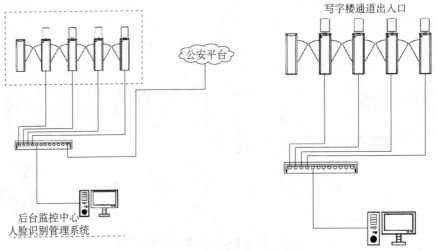

图 1-25　安检通道系统的网络架构

4）工地实名人脸系统

工地实名人脸系统的网络架构如图 1-26 所示。

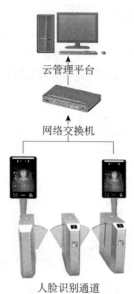

云管理平台

网络交换机

人脸识别通道

图 1-26　工地实名人脸系统的网络架构

2. RFID 识别通道网络架构设计

另外，本书提供若干 RFID 识别通道类型供参考。

1）工地实名制考勤系统

工地实名制考勤系统的网络架构如图 1-27 所示。

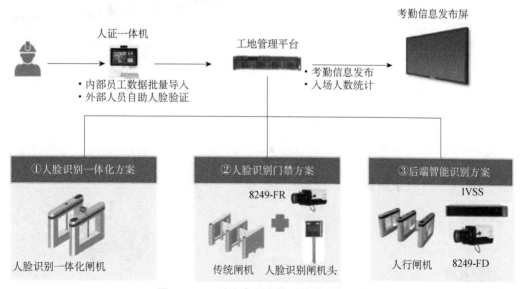

考勤信息发布屏

人证一体机

工地管理平台

· 内部员工数据批量导入
· 外部人员自助人脸验证

· 考勤信息发布
· 入场人数统计

①人脸识别一体化方案

②人脸识别门禁方案

8249-FR

③后端智能识别方案

IVSS

人脸识别一体化闸机

传统闸机　人脸识别闸机头

人行闸机　8249-FD

图 1-27　工地实名制考勤系统的网络架构

2）开放式通道管理系统

开放式通道管理系统的网络架构如图 1-28 所示。

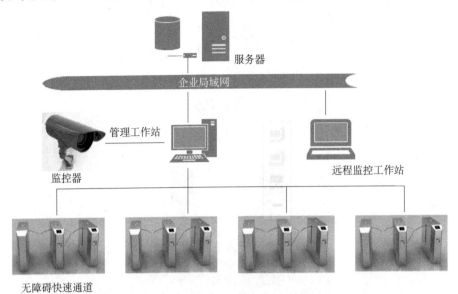

图 1-28 开放式通道管理系统的网络架构

3）车站检票通道系统

车站检票通道系统的网络架构如图 1-29 所示。

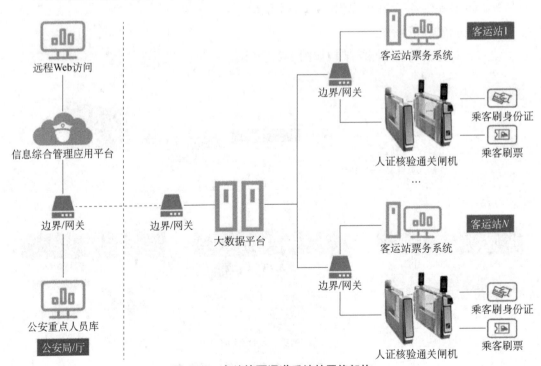

图 1-29 车站检票通道系统的网络架构

任务 1.2　硬件安装

【任务规划】

本任务包含硬件设备的安装、接线和参数配置。通过完成本任务，让读者学会智慧通道系统翼闸、人脸识别终端、通道读卡器和通道控制器的安装及配置，并熟悉综合布线的相关规范。

【任务目标】

（1）熟悉综合布线的相关规范；
（2）能够安装智慧通道系统翼闸、人脸识别终端、通道读卡器和通道控制器；
（3）能够配置智慧通道各设备的相关参数。

【任务实施】

1.1　设备检测

检测设备完好性步骤如下。
第一步，检查外包装是否有破损；
第二步，拆箱后检查设备外观是否有损伤，根据货物清单检查设备及配件是否齐全；
第三步，设备加电后检测各按键、屏幕等是否正常运行；
第四步，在调试过程中检测设备与系统通信是否正常。

1.2　布线规范与线缆选择

220V 交流电源线：使用 3 芯线，线的截面积在 1mm² 以上，且要求电源一定要接地，以避免电源干扰。

电锁到控制器的线：使用 2 芯线，线的截面积在 1mm² 以上。如果超过 50m 要考虑用更粗的线，或者多股并联，最长不超过 100m。

门磁到控制器的线：建议使用 2 芯线，线的截面积在 0.22mm² 以上，如无须在线了解门的开关状态或不需要长时间未关闭报警和非法闯入报警互锁功能，门磁线可不接。

读卡器到控制器的线：接线的截面积大于等于 0.22mm²，五类网线、超五类网线均可，如果不需要读卡器通过声音和灯光反馈来区分合法卡和非法卡，则可不接 BEEPER（蓝）和 LED（棕），数据线 Data1、Data0 应互为双绞；读卡器到控制器的距离不超过 100m，建议在 80m 以内，如果读卡器到控制的距离超过 50m，建议加粗或者多股并联给读卡器供电，有助于提升读卡器的性能。

按钮到控制器的线：建议采用 2 芯线，线的截面积在 0.22mm² 以上。

TCP/IP 通信线：和计算机网络布线的方法相同，控制器到交换机或 HUB（集线器）采用普通网线，距离要小于 100m，距离越长对线的质量要求越高，建议使用品牌网线。

1.3 系统设备接线图

通道系统设备接线图如图1-30所示。

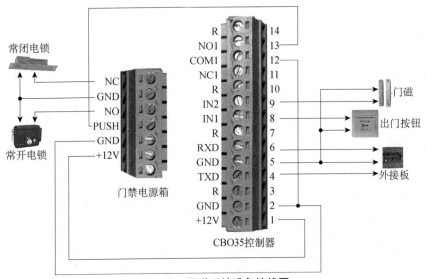

图1-30 通道系统设备接线图

1.4 安装步骤

1. 翼闸安装步骤

第一步：安装准备。

准备安装设备的工具，并根据装箱清单清点配件；明确系统组成和工作方式后，进行整体规划，准备安装。

第二步：钻孔与预埋。

完成安装设备的地基基面后，以中心线为基准，画两条相互平行的线A、B，再分别在A、B两线上确定各安装孔位；确定孔位后，进行钻孔，并预埋（N+1）×4个M12的地脚螺栓或膨胀螺栓（其中N表示通道数）；将强电电缆线和弱电电缆线分别用3/4寸PVC线管穿好，并用水泥埋到相应的位置。

第三步：安装机箱。

将各机箱分别放置到相应的安装位置，逐个对准地脚螺栓位；检查系统组成和工作方式是否正确，检查无误后，进行下一步工作。

打开机箱门，选择其中一台设备作为参考基准（最好选中间一台作为参考基准，将整个通道的设备前后左右对齐，高度也必须处于同一水平，误差值不得超过3mm），将机座螺栓孔对准相应的地脚螺栓，并预紧螺母。

打开相邻一台机箱门，将机座螺栓孔对准地脚螺栓，并对齐已确定的基准设备，预紧螺母；若有多台需安装，以此类推即可。

第四步：机箱接线。

参考接线图，将电源线、控制线接好，并接好系统保护地线；待状态检查和功能调试合格后，再拧紧螺母。

2. 人脸识别终端安装步骤

第一步：开孔。

根据安装现场的需求，在闸机上立面位置（一般中间或前侧）开一个直径35mm的孔，将线缆从螺帽穿出。此时不要连接网线、电源线等，避免安装烦琐。

第二步：安装。

将立柱及线缆自上而下插入闸机开孔处。在闸机下方，将线缆接口依次穿过螺帽，将螺帽对准螺纹拧紧。

第三步：连线。

连接电源、网线，屏幕画面启动。手动调节设备角度，以达到最佳识别角度，调节完成后紧固支架。

3. 通道读卡器安装步骤

第一步：安装准备。

确定设备、电源线、通信线的安装位置，确定安装背板墙体的承载量满足需求。

第二步：安装读卡器。

采用十字螺丝刀松开门禁读卡器底部的十字螺丝，取下背板，用膨胀胶塞和螺钉通过背板的4个安装孔固定好背板，确认是否牢固稳定；最后合上门禁读卡器面板，固定面板和背板之间螺钉。

第三步：调试。

电源蓝色指示灯常亮表示电源接通或通信状态；读/写IC卡、CPU卡时，变为绿灯闪烁一次；按键盘按键成功时，数字键的蓝色指示灯闪烁三次。

4. 通道控制器安装步骤

从包装箱中取出控制器，平稳放置，按照接线图连接好线路。将各设备的电源线插入电源插座，接通所有电源。

控制器安装在专用的门禁控制箱内，控制箱需要接入AC220V电源，在控制箱处需要有一个强电插座。控制器一般安装在弱电井内，控制器至交换机用网线连接，网线长度不能超过100m。

单门控制器可以接两个读卡器，但一般情况为了节约成本，普遍选择进门通过读卡器刷卡，出门按开门按钮的方式。

控制器到读卡器线的截面积大于等于$0.22mm^2$，可以采用超五类屏蔽网线或者4芯双绞屏蔽线，如要接两个读卡器，则布线线缆增加一倍。控制器到读卡器距离不超过50m。

控制器到出门按钮线的截面积大于等于$0.22mm^2$，可以采用超五类屏蔽网线或者2芯双绞屏蔽线。

5. 二维码读卡器安装步骤

第一步：设备检查。

取出二维码读卡器，检查设备整体是否完好，接线柱是否受损。

第二步：连接读卡器。

将二维码读卡器按照接线图与翼闸进行连接。将二维码读卡器的识别端对准翼闸的透明窗口，确保识别端不被任何障碍物遮挡。

第三步：通电测试。

将二维码读卡器固定在翼闸内部，通电测试。

任务 1.3　软件部署

【任务规划】

本任务为系统软件的部署，包含系统软件的安装、配置和测试。通过完成本任务，读者能学会智慧通道系统 IIS 和 EC-Card 系统的安装及配置，并熟悉软件调试的相关步骤及方法。

【任务目标】

（1）熟悉智慧通道系统相关的软件环境；
（2）能够安装并配置智慧通道系统 IIS 和 EC-Card；
（3）能够调试智慧通道系统相关软件。

【任务实施】

1.1　IIS 安装

Internet Information Services（简称 IIS），它是 Windows 自带的一个功能，可以发布运行网站，在 Windows 中默认没有启用 IIS，需要安装，安装后才可以部署 Web 服务。

第一步：进入"启用或关闭 Windows 功能"。

单击"Windows"图标进入"开始"菜单，单击"所有应用"选项，在"所有应用"菜单里单击"Windows 系统"里的"控制面板"选项。在"控制面板"对话框里单击"程序"选项，在"程序"对话框里单击"启用或关闭 Windows 功能"选项。

第二步：参数配置。

在"Windows 功能"对话框里选择"Internet Information Services"选项，在"Internet Information Services"功能展开选择框里根据需求进行选择，例如，用户需使用 FTP 功能，选中此功能，并单击"确定"按钮。

第三步：下载安装。

Windows 功能开始下载并安装所需功能程序，直至出现"Windows 已完成请求的更改"，再重启计算机。

1.2　软件（EC-Card 系统）部署

安装 EC-Card 系统，双击 EC-Card 安装文件，按照引导步骤进行安装。EC-Card 安装文件如图 1-31 所示。

1. 部署 EC-Card 系统

进入系统目录：D:\Program Files\易云一卡通\SysDB，双击执行程序"SysConfig.exe"。在"EC-Card 配置工具 Ver1.3"对话框的"数据库安装"选项卡中进行数据库安装操作，输入数据库服务器的相关信息（登录名、密码），单击"测试连接"按钮，如果测试通过，则可以单击"一键安装"按钮，安装系统数据库，如图 1-32 所示。

图 1-31　EC-Card 安装文件

图 1-32　EC-Card 系统数据库安装[①]

数据库服务器在本地只有一个默认实例的时候，可直接输入登录名和密码，测试连接，再安装配置；若有多个实例需在数据库里复制数据库实例名再填入登录名及密码，然后测试连接、安装配置。

2. 配置 WebService（简称 WS）接口的数据库连接

进入系统目录：D:\Program Files\易云一卡通\CardService，双击执行程序"SysConfig.exe"，在"EC-Card 配置工具 Ver1.3"对话框的"WebService 服务数据库配置"选项卡中进行数据库连接配置操作。输入数据库服务器名称、登录名和密码，单击"测试连接"按钮，测试连接成功后，单击"一键保存"按钮，如图 1-33 所示。

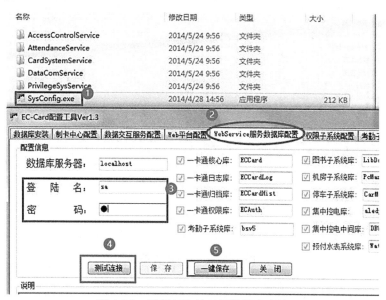

图 1-33　配置 WS 接口的数据库连接

一键保存成功后出现如图 1-34 所示的提示信息。至此，完成了整个一卡通系统涉及的数据库连接配置操作。

---

① 本书中软件界面中的"登陆"应为"登录"。

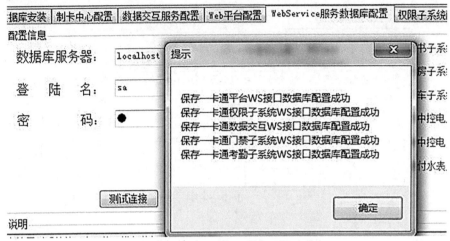

图 1-34　数据库连接配置成功提示信息

3. 部署 WS 服务（IIS 部署）

打开控制面板，单击"管理工具"→单击"Internet Information Services（IIS）管理器"选项，则可对 WS 服务进行部署，如图 1-35 所示。

图 1-35　进入 IIS 管理器

4. 添加一卡通应用程序池服务

将一卡通使用的 7 个网址名称均添加至应用程序池，如图 1-36 至图 1-42 所示。

5. 部署一卡通平台 WS 服务

打开"Internet 信息服务（IIS）管理器"对话框，选中"网站"选项并右击，弹出快捷菜单，单击"添加网站"选项，如图 1-43 所示。

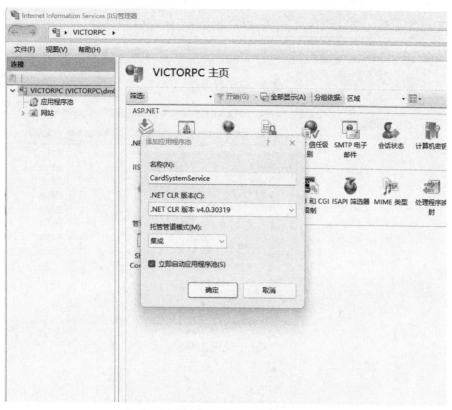

图 1-36 添加一卡通应用程序池服务 1

图 1-37 添加一卡通应用程序池服务 2

图 1-38　添加一卡通应用程序池服务 3

图 1-39　添加一卡通应用程序池服务 4

图 1-40 添加一卡通应用程序池服务 5

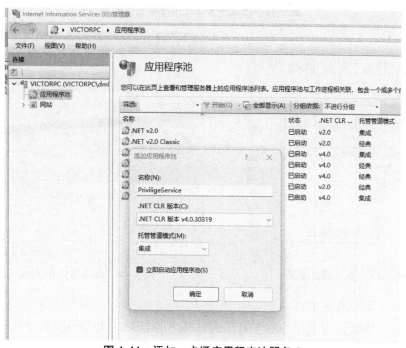

图 1-41 添加一卡通应用程序池服务 6

在"添加网站"对话框中，修改本机 IP 地址如图 1-44 所示，选择好对应的文件路径和应用程序池，输入对应的端口，端口建议从 8081 开始（如果提示被占用，请更换未使用的端口号）。

单击"确定"按钮，进行浏览测试，若测试正常，则浏览网页如图 1-45 所示。

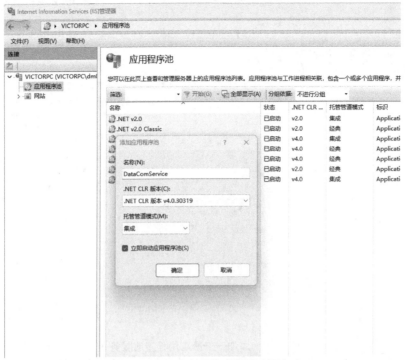

图 1-42　添加一卡通应用程序池服务 7

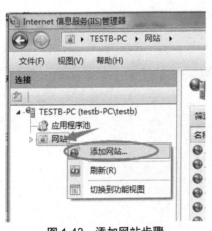

图 1-43　添加网站步骤

图 1-44　修改本机 IP 地址

6. 配置制卡中心的 WS 服务

制卡中心需要配置一卡通平台 WS 服务，进入系统目录 D:\Program Files\易云一卡通\CardCenter，打开 EC-Card 配置工具，单击"制卡中心配置"选项卡，进行相应的配置，配置完成后进行保存，保存后则可以正常登录制卡中心（默认登录的用户名：admin；密码：admin88）。配置制卡中心的 WS 服务如图 1-46 所示。

7. 配置一卡通 Web 平台管理系统 WS 服务

一卡通 Web 平台需要配置一卡通的所有 WS 服务，进入系统目录 D:\Program Files\易云一卡通\CardWeb，打开 EC-Card 配置工具，单击"Web 平台配置"选项卡，进行相应的配置。配置一卡通 Web 平台管理系统 WS 服务如图 1-47 所示。

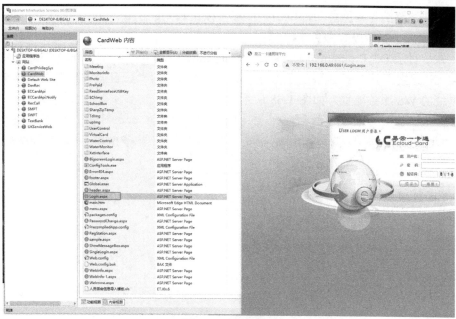

图 1-45　浏览网页

图 1-46　配置制卡中心的 WS 服务

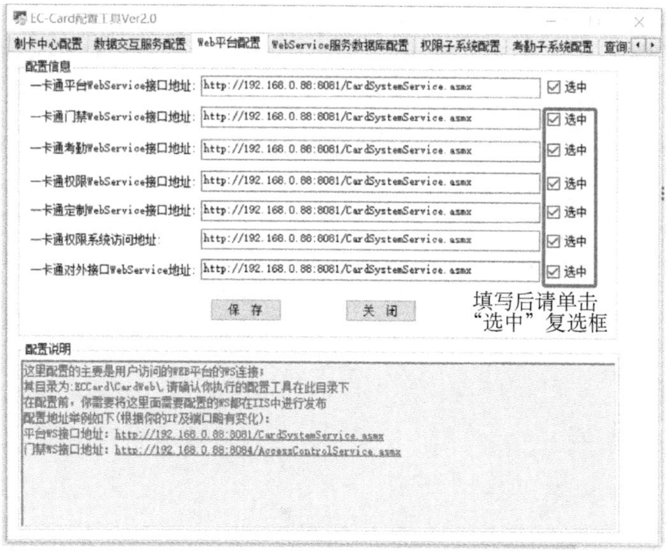

图 1-47　配置一卡通 Web 平台管理系统 WS 服务①

① 本书中软件界面截图中的 "ECCard" 应为 "EC-Card"，"WEB" 应为 "Web"。

选中需要配置的 WS 服务后，单击"保存"按钮则完成配置。

8. 配置权限子系统 WS 服务

进入系统目录 D:\ Program Files\易云一卡通\CardPrivilegSys，打开 EC-Card 配置工具，在"EC-Card 配置工具 Ver3.0-限用于 ECCard1.4"对话框的"后台服务配置"选项卡中进行权限子系统的 WS 服务配置，如图 1-48 所示。

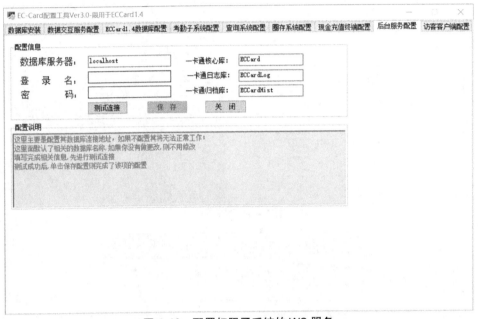

图 1-48　配置权限子系统的 WS 服务

进入系统目录：D:\Program Files\易云一卡通\WebSearchSrv，打开 EC-Card 配置工具，单击"查询系统配置"选项卡，配置相关信息如图 1-49 所示，单击"保存"按钮。

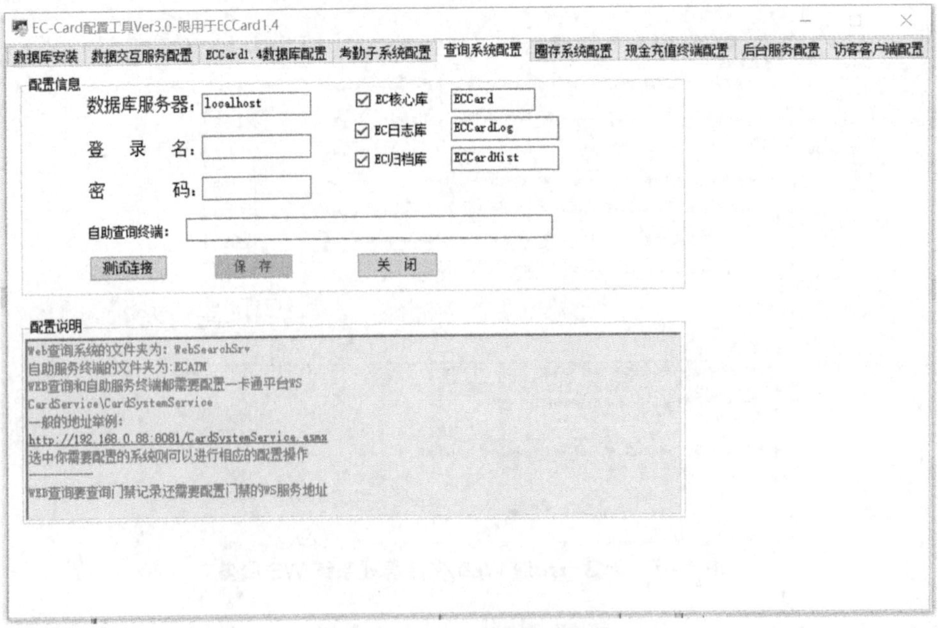

图 1-49　Web 查询系统配置

进入系统目录：D:\Program Files\易云一卡通\ECATM，打开 EC-Card 配置工具，单击"现金充值终端配置"选项卡，进行相关配置，如图 1-50 所示，单击"保存"按钮。

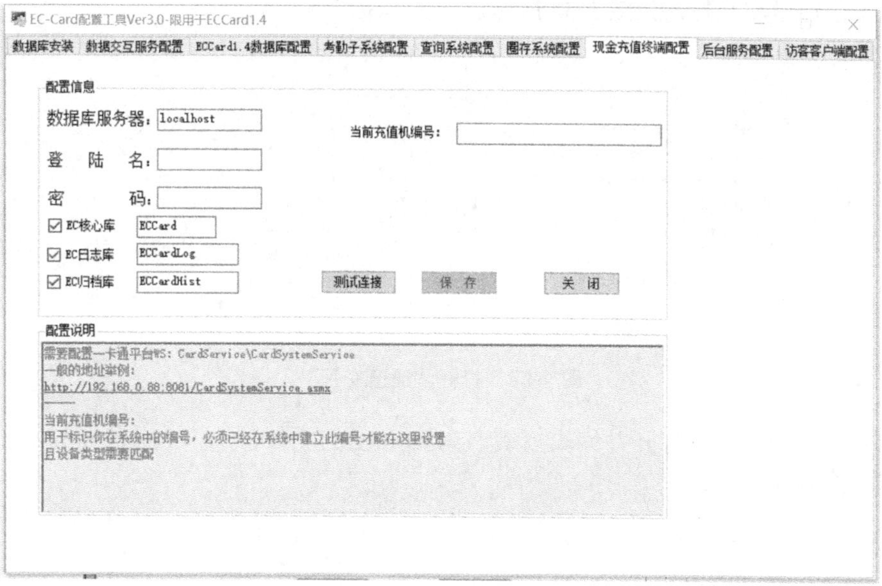

图 1-50　自助服务终端配置

添加自助终端：需要打开并修改配置文件的对应处，如图 1-51 所示。

图 1-51　添加自助终端

9. 通道数据交互服务配置

1）配置数据库

第一步：通道交互打开如图 1-52 所示。

名称	修改日期	类型	大小
Logs	2024/9/14 10:26	文件夹	
AccessControlService.exe	2024/9/14 10:24	应用程序	347 KB
AccessControlService.exe.config	2024/9/14 10:11	CONFIG 文件	3 KB
AccessControlService.pdb	2024/9/14 10:24	PDB 文件	268 KB
Dapper.dll	2020/11/5 17:56	应用程序扩展	186 KB
Dapper.xml	2020/11/5 17:56	XML 文档	166 KB
Newtonsoft.Json.dll	2020/11/5 17:56	应用程序扩展	684 KB
Newtonsoft.Json.xml	2020/11/5 17:56	XML 文档	692 KB
WG.CSharp.dll	2021/4/8 14:34	应用程序扩展	65 KB

图 1-52　打开"通道交互"

第二步：使用记事本打开并编辑后缀名为 .config 的文件，选中 connectionString 值并复制，如图 1-53 所示。

图 1-53　选中 connectionString 值并复制

第三步：双击打开数据库加解密工具，即数据库连接字符串加密 .exe 程序，并将复制的 connectionString 值粘贴到加解密工具的上框中，并单击"解密"按钮，如图 1-54 所示。

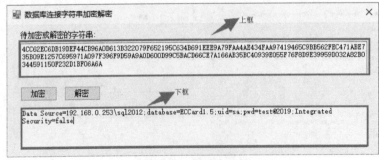

图 1-54　数据解密

第四步：将下框中解密出的字符串的数据库地址、名称、账号与密码修改（与实际保持一致）后，复制粘贴到加密解密工具的上框中，再单击“加密”按钮，下框中可得到一串加密后的字符串，如图 1-55 所示。

数据库连接字符串加密解密
待加密或解密的字符串：
Data Source=192.168.0.253\sql2012;database=ECCard1.5;uid=sa;pwd=test@2019;Integrated Security=false
加密
解密
4CC62EC6DB19DEF44CB96A0D613B322079F652195C634B691EEE9A79FAA4AE434FAA97419465C9BB562FEC471ABE735B09E1257C695971A097F396F9D59A9A0D600D99C5BACD66CE7A166AB35BC40939E055F76F8D9E39959D032A82B0344591150F232D1BF06A6A

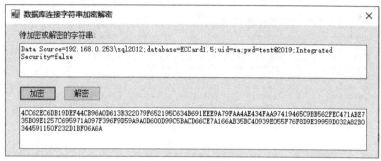

图 1-55　数据加密

第五步：将所得到的新的加密后的字符串复制、替换前面选中的 connectionString 值并保存。

2）通道数据交互授权

双击 .exe 文件，运行通道交互程序，如图 1-56 所示。

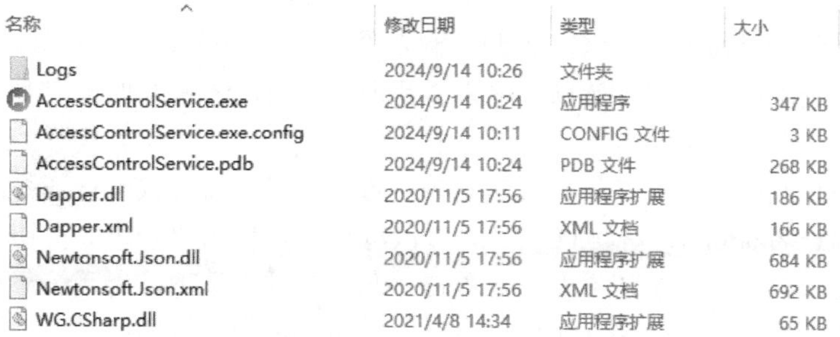

名称
修改日期
类型
大小
Logs　2024/9/14 10:26　文件夹
AccessControlService.exe　2024/9/14 10:24　应用程序　347 KB
AccessControlService.exe.config　2024/9/14 10:11　CONFIG 文件　3 KB
AccessControlService.pdb　2024/9/14 10:24　PDB 文件　268 KB
Dapper.dll　2020/11/5 17:56　应用程序扩展　186 KB
Dapper.xml　2020/11/5 17:56　XML 文档　166 KB
Newtonsoft.Json.dll　2020/11/5 17:56　应用程序扩展　684 KB
Newtonsoft.Json.xml　2020/11/5 17:56　XML 文档　692 KB
WG.CSharp.dll　2021/4/8 14:34　应用程序扩展　65 KB

图 1-56　打开通道交互程序

首次运行因为未进行注册，所以弹出注册串口界面，即申请注册采集节点，单击“将注册信息发送提交至平台由管理员审核”按钮，如图 1-57 所示。

申请注册采集节点
工作站注册信息
本机IP：192.168.0.142
注册KEY：
9846862F0CE1535BF3010408A1E5A8E976DC6959FBFE6D5E
将"注册KEY"发送给具有工作站管理权限的管理员进行相应的注册
将注册信息发送提交至平台由管理员审核
关　闭

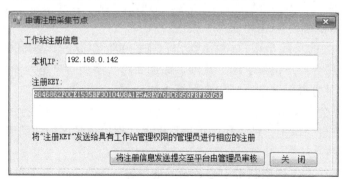

图 1-57　发送通道采集节点给平台授权

登录 EC-Card 综合管理平台，在系统管理选择下拉框中选择“中心管理平台”选项，单击“系统管理”选项，选择“工作站管理”选项，选择待授权的通道采集节点，单击“修改”按钮，将工作站状态选择为“允许登录”，然后单击“更新”按钮，即完成平台授权，如图 1-58 所示。

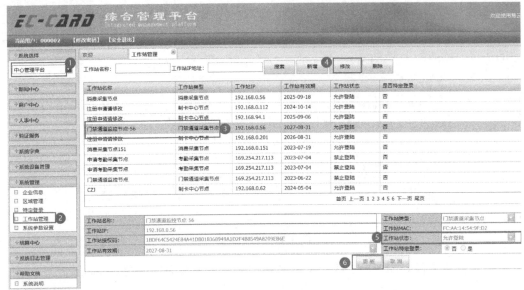

图 1-58　通道采集节点授权

1.3　软件调试步骤

（1）登录易云一卡通平台（EC-Card）（输入用户名：admin，密码：000000）；

（2）单击"进入用户管理"选项，单击"新增"按钮，输入添加一个 EC-Card 系统的管理员账户，单击"确定"按钮；

（3）通过系统选择，单击"权限管理系统"选项，进入统一权限认证系统登录界面；

（4）输入用户名 admin、密码 000000，以及验证码，单击"登录"按钮；

（5）进入统一权限认证系统界面后，单击"角色管理"选项，为系统添加一个角色；

（6）单击"新增"按钮，输入角色信息后，单击"提交"按钮；

（7）单击"用户信息"选项，选择已添加的管理员账户，单击"用户授权"按钮；

（8）弹出用户权限界面，为管理员分配用户角色、管理部门、管理商户、可否授权、可授权系统，单击"提交"按钮；

（9）在界面右侧选择需要授权的应用系统，如单击"制卡管理系统"选项，单击"角色"选项，勾选要授权的功能，单击"保存"按钮；

（10）使用已添加的管理员账户（输入账户：GLY0001，默认密码：000000）进入 EC-Card 管理平台系统，单击"商户信息管理"选项，添加商户（添加商户是为各个设备分配不同的商户，交易后的记录方可根据各个商户进行统计）；

（11）在管理平台中单击"进入职务管理"选项，根据需求添加职务信息；

（12）在管理平台中单击"进入部门管理"选项，根据需求添加部门信息；

（13）添加人员；

（14）运行制卡中心，弹出制卡中心登录界面，输入 EC-Card 管理员的账户及密码（默认密码为：000000）与 Web 管理平台一致，单击"登录"按钮；

（15）首次登录制卡中心时，提示"你的电脑尚未注册工作站，无法登录系统"；

（16）单击"确定"按钮后，弹出工作站注册信息框，输入本机 IP 地址，发送注册信息给平台；

（17）进入管理平台的工作站管理界面，将制卡中心节点修改为允许登录；

（18）弹出确认显示时间与系统时间是否一致，单击"确认"按钮；进入系统后提示试用期与 Web 管理平台一致，单击"确定"按钮，提示无系统授权信息；

（19）进入系统后，依次单击"系统用卡"→"系统卡管理"按钮，打开"系统卡管理"对话框，输入基本信息后，单击"发系统卡"按钮；

（20）将系统卡放置于读卡器上，单击"发系统卡"选项即可。[系统密码：自己设置 8 位纯数字；扇区自己选定（不要选取 5 洗衣机扇区、12 联网门锁扇区），读头标志参数无特殊要求，默认即可] 发卡成功后，会在制卡中心 CardCenter 根目录下自动生成 cardsysV7.dat 文件，重新启用系统，系统授权信息生效；

（21）系统卡发卡完成，登录系统后，一卡通可正常使用。

任务 1.4 验收与运维

【任务规划】

本任务为系统软件的验收与运维，包含系统的功能测试、项目验收和系统运维。通过完成本任务，让读者学会智慧通道系统功能测试的步骤及方法，熟悉项目验收的流程，基本具备系统运维的能力。

【任务目标】

（1）熟悉智慧通道系统业务运行流程；
（2）能够对系统的功能进行测试；
（3）能够完成项目验收；
（4）初步具备系统运维能力。

【任务实施】

1.1 系统业务运行流程

系统业务运行流程如图 1-59 所示。

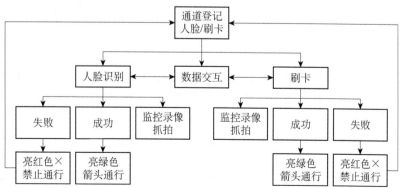

图 1-59 系统业务运行流程

1.2 系统功能测试

1. 常用操作流程

在通道区域中新增区域信息，在通道设备管理中新增通道设备，在时段设置中新增或修改时段，在权限设置中添加或删除权限，在门禁通道交付服务中，对列表中的终端设备进行勾选，然后单击"采集记录"，即可对勾选设备的记录进行采集和回传，然后在通道管理系统中查询"通道出入明细""异常记录明细""汇总记录报表""非法闯入记录报表"等信息。

区域管理：该系统中，每一个通道设备都归属于一个区域（非根区域），该模块提供添加、修改、删除区域的功能。

添加区域：单击"新增"按钮，在新增区域中选择上级区域，区域管理员（只有该区域的管理员才能在区域中添加通道信息，非空），输入区域名称（非空）、备注信息，单击"保存"按钮并提示成功。

修改区域：选中需要修改的区域信息，单击"修改"按钮，激活修改区域，输入相关信息，单击"更新"按钮并提示更新成功。

删除区域：选中需要删除的区域，单击"删除"按钮并提示成功。注意：如果删除的区域下面存在设备通道，则不允许删除。

2. 通道设备管理

添加控制器：该模块提供了两个方法进行添加操作，其一是自动添加，其二是手动添加。

（1）自动添加：单击"搜索控制器"按钮，弹出"搜索控制器"对话框，单击"搜索设备"按钮，搜索出网络内所有控制器，选择需要修改的控制器，单击"修改设备网络参数"按钮进行修改并保存。

选择设备所属工作站（工作站的类型为通道类型）和所属区域（不允许选择根区域），单击"自动添加搜到的设备"按钮并提示添加成功。

（2）手动添加：单击"新增"按钮，输入设备名称（必填）、设备 SN 号（必填），选择是否启用；输入 IP 地址（必填）、Port 端口，选择是否启用无效卡报警，是否启用反潜回；选择所属区域（不允许选择根区域）、所属工作站（工作站的类型为通道类型），输入备注信息，正确填写通道的信息，单击"保存"按钮并提示成功。

3. 通道权限管理

通过该模块，用户可以在指定的时间段通过指定的门。

添加、删除权限：单击"权限管理"界面中的"添加/删除权限"按钮，进入"添加删除权限"界面，选择需要进行授权的人员信息（可以通过选择部门进行筛选），选择需要进行授权的门（可以通过区域进行选择），选择需要进行授权的时间段信息，若是设置选中人员具有通过的权限，则单击界面下方的"允许"按钮，界面提示成功；若是设置选中人员不允许通过指定门或者取消选中人员对应时段对应门的权限，单击界面左下方的"禁止"按钮，界面提示成功。

时段设置：该模块提供用户个性化设置。例如，谁在哪个时间段可以进出哪个门。

同时，使用时间段控制功能，可以通过链接时间段实现多时段控制，如周六、周日特殊的上班情况。

通道控制台：该模块提供控制通道设备的功能，主要包括校准时间、上传参数、远程开门、清空运行信息。

校准时间：用计算机的系统时钟来校准控制器的时钟，从而达到通道管理系统和控制器的时间同步。校准时间之前，请确定计算机时间是否准确，选择需要校准的门，单击"校准时间"选项，消息框中提示成功。

上传参数：选择要上传的门，单击"全选"按钮进行选择，单击"上传设置"按钮。完成上传参数设置，消息框中提示成功。

提取记录：选择需要进行提取数据的门，单击"提取记录"按钮，消息框中提示成功。

远程开门：选择需要执行远程开门的门，单击"远程开门"按钮，消息框中提示成功。该功能适用情况：某办公室的人员忘记带门禁卡，即可通知管理员通过通道管理系统远程开门。

清空运行信息：用于清空消息框中的内容信息。

定时任务：若用户需 8：00—18：00 将门打开，允许大家自由出入，18：00 后必须刷卡才可进入。可以定义 8：00 后，门为常开状态，18：00 后门为在线状态。可以启用控制器定时任务功能。该功能适合于政府机构的对外办公场合，也可以定时关门。在通道管理系统中单击"通道管理"→"定时任务"选项，进入定时任务界面。

1.3 项目验收

项目验收流程如图 1-60 所示。

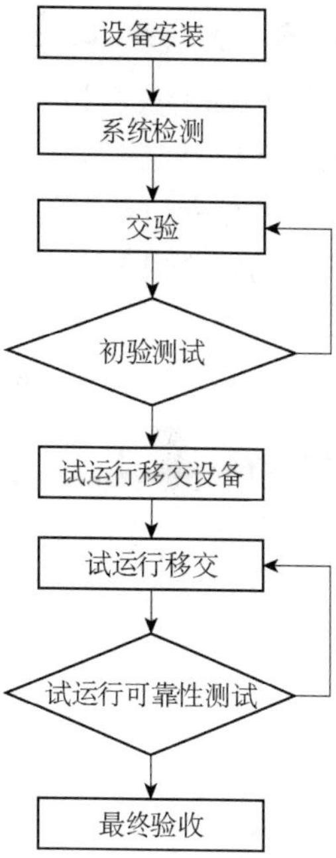

1.4 系统运维

（1）熟悉使用系统必须要启动的服务；

（2）熟悉智慧通道系统常见问题及解决方法；

（3）熟悉登录与配置软件常见问题处理方法。

图 1-60 项目验收流程

🌐 项目拓展

一、选择题

1. 条码技术属于哪一种自动识别技术？（   ）

A. 光识别   B. 磁识别

C. 生物识别   D. 电识别

2. 绝大多数射频识别系统的耦合方式是（   ）。

A. 电感耦合式   B. 电磁反向散射耦合式

C. 负载耦合式   D. 反向散射调制式

3. 在射频识别系统中，最常用的防碰撞算法是（   ）。

A. 空分多址法   B. 频分多址法   C. 时分多址法   D. 码分多址法

4. RFID 技术属于哪一种自动识别技术？（   ）

A. 光识别   B. 磁识别   C. 生物识别   D. 电识别

5. 以下哪个特点描述，不属于人脸识别管理系统的特点？（   ）

A. 非强制性   B. 非接触性   C. 视觉特性   D. 光电特性

二、填空题

1. ISO15693 与 ISO14443 的工作频率都是（   ）MHz。

2. 光学字符识别技术即（   ）技术。

3. RFID 标签按通信方式分为（   ）、（   ）。

4. 应用于物联网的 RFID 系统工作频段是（   ）。

三、判断题

1. 条码识别是一次性使用的。（　　　）

2. 生物识别成本较低。（　　　）

3. ID 代码（标识对象身份代码）不可以根据用户需要设置写入。（　　　）

4. 射频识别系统中计算机通信网络的工作频率决定了整个射频识别系统的工作频率。功率大小决定了整个射频识别系统的工作距离。（　　　）

5. 人脸识别管理系统和人脸识别门禁在未来的市场应用前景中，呈负增长趋势。（　　　）

四、简答题

1. 现阶段二维码的主要用途是什么？

2. RFID 系统的基本组成是什么？

3. 请列举出人脸识别管理系统的适应场景，至少 5 个。

五、综合题

1. RFID 技术在日常生产生活中运用广泛，请根据所学知识对日常生产生活中运用的 RFID 系统进行分类总结，并绘制一份 RFID 系统分类思维导图。

2. 随着人脸识别技术的成熟与运用，以及 2021 年 11 月 1 日正式施行的《中华人民共和国个人信息保护法》，使得人脸识别技术的使用更加广泛、安全，现在越来越多的小区、校园、企业的出入口都配备了人脸识别管理系统，如图 1-61 所示是人脸识别管理系统主要设备连接图，请结合相关知识补全系统接线图并注明电线类型。

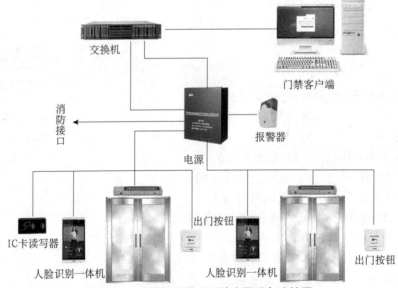

图 1-61　人脸识别管理系统主要设备连接图

一卡通工程项目实践

项目导入

校园一卡通系统是基于智能卡物联网技术和计算机网络的数字化理念融合校园管理进行的统一身份认证、人事、学工等 MIS（管理信息系统）的应用解决方案。通过共同的身份认证机制，实现数据管理的集成与共享，校园一卡通系统成为校园信息化建设的有机组成部分。通过该系统，可以避免重复投入，加快建设进度，为各系统间的资源共享打下基础。

项目目标

1. 任务目标

根据所学的内容，完成校园一卡通系统的方案设计；硬件设备安装、调试；软件的安装部署和测试；并完成系统验收。

2. 能力目标

（1）能够设计校园一卡通系统方案，并编写设计文档；

（2）能够根据场景及需求进行设备选型和网络架构设计，会分析网络拓扑图；

（3）能够完成硬件设备的安装、接线和配置；

（4）能够完成系统软件安装、配置和调试；

（5）能够对用户进行使用培训；

（6）能够熟练操作系统，并能准确排除故障，能够对系统进行运行维护或升级；

（7）在工程项目实施过程中，具备"6S"管理意识；

（8）具备沟通、协调和组织能力，能够团队合作地开展工作。

3. 知识目标

（1）熟悉校园一卡通系统的整体结构；

（2）掌握校园一卡通系统的智能卡技术原理，智慧商超（校园一卡通系统中包含商超系统）的二维码支付和人脸识别支付等技术；

（3）熟悉校园一卡通系统中各种技术的特点；

（4）掌握校园一卡通系统网络综合布线的方法；

（5）熟悉系统测试的步骤和方法。

4. 任务清单

本项目的任务清单如表 2-1 所示。

表 2-1　任务清单

序　号	任　务
任务 2.1	方案设计
任务 2.2	硬件安装
任务 2.3	软件部署
任务 2.4	验收与运维

 项目相关知识

2.1　需求分析

1. 案例分析

海拉尔中学的校园一卡通系统分析：校园一卡通系统主要体现为统一服务入口、统一消息中心。首先统一服务入口主要是让师生使用习惯的方式访问应用、服务，如钉钉、微信企业号、QQ 校园号、PC 门户端；统一消息中心主要作用是分权管理、多端触达、通知统计、无痕撤回，让校园活动更加便利，消息中心主要分为平台通知与应用订阅消息。

校园一卡通系统是一项庞大的系统工程，涉及计算机技术、网络技术、通信技术与网络工程、软件工程、项目管理等多个方面，具有投资高、建设难、周期长、涉及部门和人员多等特点，因此建设之前必须站在智慧教育的层面，做好项目分析和规划设计工作，整体考虑、统一规划，确保统一的信息标准、统一的技术路线、统一的基础架构和统一的组织管理。

校园一卡通系统主要是将校园内的室内导航信息、会议信息、门禁信息等转化为无限信息传送到集成式智慧网关，再传递到云平台，形成信息汇聚。校园一卡通系统的建设目标概括来讲就是用一张智能 IC 卡联通校园管理的各个组成部分，使校园管理体系实现联动。校园一卡通系统能够满足一卡多用的实际需求，将数字化技术应用到教学、门禁、后勤以及师生的日常生活中，识别和管理个人信息同时开启一卡支付等功能，使学校形成统一的数据管理系统，提升师生的生活便捷性。

校园一卡通系统是智慧校园生活服务和后勤管理一卡通用功能的集成方案。校园一卡通系统的子系统有一卡通充值系统、食堂消费管理系统、校园电控系统、水控节能系统、宿舍门禁系统、车辆出入系统、访问管理系统、校园巡更系统。"校园一卡通系统"整体解决方案，建立了校园一卡通综合管理平台、校园一卡通虚拟卡管理平台、集控平台、自助服务平台、移动互联平台、数据分析平台等，同时提供了掌上校园、统一身份认证、数据交换、统一信息门户、在线支付、系统管理、财务结算、卡务管理、密钥管理、系统集成、安全保障服务等，涵盖了对一卡通平台及应用系统的管理及维护，数据交换及同步，用户及设备的管理、系统参数的设置、环境的设定、系统业务各模块的工作。

在新基建下的物联网智慧校园一卡通系统运用了大数据、人工智能、移动互联网、工业互联网、5G 等技术实现传感层采集数据，搭配新型信息的有线或无线网络传输层，将网络内海量的信息资源通过计算整合后传递到能力支撑层，形成校园开放性平台和校园 IoT（物联网）平台，形成资源共享，最后进入业务应用层，也就是我们常见的智慧餐饮系统、智慧物业系统、智慧交通系统等。

物联网又叫泛互联，意指物物相连，万物互通，按约定的标准协议，将射频识别设备、红外感应器、全球定位系统、激光扫描器等信息传感设备及技术与互联网结合起来形成一个巨大网络，实现区域内任何时间、任何地点，人、机、物的互联互通。

物联网技术融入并推动了"数字校园一卡通"向"智慧校园一卡通"的升级发展，改变了师生和校园资源相互交互的方式，实现了高校的科学化、智能化管理。具体地讲，就是把传感器等感应设备嵌入和集成到智慧校园一卡通应用场景中。将智慧生活、智慧教学、智慧教务、智慧校务、智慧办公等，形成"物联网"，并与现有的校园网连接起来，实现教学、生活与校园资源和各应用系统的互联互通、自动化管理。

2. 需求分析概述

需求分析也称为软件需求分析、系统需求分析或需求分析工程等，是开发人员经过深入、细致的调研和分析，准确理解用户和项目的功能、性能、可靠性等具体要求，将用户非形式的需求表述转化为完整的需求定义，从而确定系统必须做什么的过程。

需求分析是软件计划阶段的重要活动，也是软件生存周期中的一个重要环节，该阶段是分析系统在功能上需要"实现什么""实现哪些功能""完成哪些工作"等。

1）原则

（1）侧重表达理解问题的数据域和功能域；

（2）需求问题应分解细化，建立问题层次结构；

（3）建立分析模型。

2）内容

需求分析的内容是针对待开发软件提供完整、清晰、具体的要求，确定软件必须实现哪些任务，具体分为功能性需求、非功能性需求与设计约束三个方面。

（1）功能性需求：功能性需求即软件必须完成哪些事，必须实现哪些功能，以及为了向用户提供有用的功能所需执行的动作。功能性需求是软件需求的主体。

（2）非功能性需求：软件需求分析的内容中还应该包括一些非功能性需求，主要包括软件使用时对性能方面的要求、运行环境要求，软件设计必须遵循的相关标准、规范，用户界面设计的具体细节，未来可能的扩充方案等。

（3）设计约束：一般也称为设计限制条件，通常是对一些设计或实现方案的约束说明。例如，要求待开发软件必须使用 Oracle 数据库完成数据管理功能，运行时必须基于 Linux 环境等。

3）过程

需求分析阶段的工作，可以分为 4 个方面：问题识别、分析与综合、制定软件需求规格说明书、评审。

（1）问题识别：系统分析人员与用户进行沟通交流，了解用户的需求。

（2）分析与综合：逐步细化所有的软件功能，分析他们是否满足需求，剔除不合理部分，是否增加需求，最后综合成系统的解决方案。

（3）制定软件需求规格说明书：描述需求的文档称为软件需求规格说明书。制定软件需求规格说明书是为了使用户和软件开发者双方对该软件的初始规定有一个共同的理解，使之成为整个开发工作的基础。它是需求分析阶段的成果，向下一阶段提交。

（4）评审：即对功能的正确性、完整性和清晰性，以及其他需求给予评价。评审通过才可进行下一阶段的工作，否则重新进行需求分析。

4）方法

（1）功能分解方法：将新系统作为多功能模块的组合。各功能又可分解为若干子功能，子功能再继续分解，便可得到系统的雏形，即功能分解——功能、子功能。

（2）结构化分析方法：

①分析当前的情况，制作出反映当前物理模型的 DFD（数据流图）；

②推导出等价的逻辑模型的 DFD；

③设计新的逻辑系统，生成数据字典和基元描述；

④建立人机接口，提出可供选择的目标系统物理模型的 DFD；

⑤确定各种方案的成本和风险等级，据此对各种方案进行分析；

⑥选择一种方案；

⑦建立完整的需求规约。

（3）信息建模方法：从整个系统逻辑数据模型开始，通过一个全局信息需求视图来说明系统中的基本数据实体及其相互关系，在此基础上构造整个模型。

（4）面向对象的分析方法。

第一步，确定对象和类（Object）。

这里所说的对象是对数据及其处理方式的抽象，它反映了系统保存和处理现实世界中某些事物信息的能力。类是多个对象的共同属性和方法集合的描述，它包括如何在一个类中建立一个新对象的描述。

第二步，确定结构（Structure）。

结构是指问题域的复杂性和连接关系。类成员结构反映了泛化-特化关系，整体-部分结构反映整体和局部之间的关系。

第三步，确定主题（Subject）。

主题是指事物的总体概貌和总体分析模型。

第四步，确定属性（Attribute）。

属性就是数据元素，可用来描述对象或分类结构的实例，可在图中给出，并在对象的存储格式中指定。

第五步，确定方法（Method）。

方法是在收到消息后必须进行的一些处理方法。方法要在图中定义，并在对象的存储格式中指定。对于每个对象和结构来说，那些用来增加、修改、删除和选择的方法本身都是隐含的（虽然它们是要在对象的存储中定义的，但并不在图中给出）。

5）特点

需求分析是软件开发早期的一个重要阶段，它在问题定义和可行性研究阶段之后进行。它的基本任务是软件开发人员和用户一起完全弄清楚用户对系统的确切要求，其分析结果是后续工作的基础。如果需求分析不准确，那么后面的开发过程就是无用功。需求分析是软件开发的基础，也是软件开发成败的关键！

需求分析的难点需求具有主观性、二义性、多变性、模糊性。

主观性：是指以主体自身的需求为基础去看待客体、对待客体。

二义性：是指一个东西在一种环境下会出现两种以上（包含两种）含义，导致难以清楚到底何种意思。

多变性：是指系统的需求一直是在不断变化的。

模糊性：由于事物类别划分不明确而引起判断上的不确定性。

6）作用

功能需求分析：具体包括获取需求、需求分析、功能设计、需求验证。功能需求（Functional Requirement）规定开发人员必须在产品中实现的软件功能，用户利用这些功能来完成任务，满足业务需求。功能需求有时也称为行为需求（Behavioural Requirement），因为习惯上总是用"应该"对其进行描述："系统应该发送电子邮件来通知用户已接受其预定。"功能需求用于描述开发人员需要实现什么。产品特性，所谓特性（Feature），是指一组逻辑上相关的功能需求，它们为用户提供某项功能，使业务目标得以满足。对商业软件而言，特性则是一组能被用户识别，并帮助他决定是否购买的需求，也就是产品说明书中用着重号标明的部分。用户希望得到的产品特性和用户需求不完全是一回事。一个特性可以包括多个用例，每个用例又要求实现多项功能需求，以便用户能够执行某项任务。

（1）提高管理水平：在身份识别方面，通过卡、卡+生物识别方式代替原有的各种证件发放，从而提高管理水平；在财务方面，将原有的通过卡证、票、现金进行分散、相对隐蔽的经营活动，替换成统一通过集中的一张卡进行，并对卡片在各部门发生的各种消费活动进行统一结算，达到财务统一管理的目标。

（2）降低持续的投入：原来需要为广大大学生或教职工办理各种卡、证、票等，且各类卡、证、票不通用，因此需要设置不同的专岗人员或部门对这些卡、证、票进行管理和维护，导致维护成本居高不下，各类卡、证、票制作成本重复投入。一卡通的建设代替了原来的各种卡、证、票，减少了对这些系统的管理和维护人员，降低了管理维护成本；同时减少了各种卡、证、票实物制作成本的重复投入，也降低了学生、教职工的办卡费用。

（3）实现智慧决策：数据分析结果为各级领导层科学决策提供支撑。通过智慧的决策管分析、KPI管理、大数据分析应用等技术，为管理服务提供生产经营、决策分析实时数据，支撑生产经营活动持续优化；同时，通过整合内外部数据，为管理层和决策层提供多维度、科学、准确、及时的数据、信息、知识和决策依据。

7）数据收集方法

（1）通过对学校学生的跟踪访谈及问卷调查，调研学生对校园一卡通系统功能的需求。

（2）实地勘察。

3. 需求性能指标

需求性能指标一般包括响应时间、吞吐量、并发用户数。

1）响应时间

响应时间指功能完成的时间，这与客观环境、数据量级、主观感受等都有关系。客观环境中硬件包括服务器配置、客户端配置等，软件包括数据库部署方式、客户端使用的浏览器等，另外还有网络环境。响应时间的指标，需要根据实际所需的数据量级来确定。例如，在项目管理中，一个项目包含一千条计划和一万条计划，功能本身的操作响应时间是不一样的，需根据实际情况确定指标。主观感受指用户的可接受程度，如同样的响应时间，加上进度条等处理方式，用户感受就大为不同。

2）吞吐量

吞吐量是给定时间内系统可处理的事务/请求的数量等，如网络传输的数据流量，这个指标对于软件更为关键。

3）并发用户数

并发用户数用来衡量系统的同步协调能力，我们更关注多个用户同时操作同一功能或数据时，对系统性能的影响。

例如，常见性能需求分析如下。

（1）响应速度：比如 API（应用程序编程接口）请求的平均响应时间应低于 1s，Web 首页打开速度在 5s 以下，Web 登录速度在 15s 以下。

（2）服务支持 50 万个在线用户。

（3）某接口支持 200 个用户同时调用（平均每 3 秒调用一次）。

（4）计费请求成功率达到 99.999%以上。

（5）在 100 个并发用户的高峰期，邮箱的处理能力至少达到 10TPS（每秒事务处理量）。

（6）系统能在高于实际系统运行压力 1 倍的情况下，不间断稳定地运行 12 小时。

（7）能支撑 200 万的 VU（Virtual User，虚拟用户，也指每天登录系统的人次）。

2.2　关键产品选型

1. 原则与方法

（1）生产上适用：所选购的设备应满足本项目需求。

（2）技术上先进：在满足生产需要的前提下，要求其性能指标保持先进水平，以提高产品质量和延长产品技术寿命。

（3）经济上合理：要求设备价格合理，在使用过程中能耗、维护费用低，并且回收期较短。

2. IC 卡读写器

IC 卡读写器技术参数如下。

（1）包含 IC 卡读写器嵌入式程序 V3.0。

（2）外形尺寸：127mm×88mm×27mm（长×宽×厚）。

（3）重量：200g。

（4）操作卡型：Mifare 1 标准卡（S50、S70）、CPU 及国产兼容卡等。

（5）工作频率：13.56MHz。

（6）通信协议：支持 ISO 14443 Type A/B；支持 T=0、T=1 的 CPU 卡。

（7）遵循标准：ISO 14443、ISO 7816、PC/SC、GSM11.11、FCC、CE。

（8）支持卡尺寸：支持 ISO 14443 Type A/B 的非接触卡及电子标签，同时可支持 1 个符合 ISO 7816 标准卡尺寸的 PSAM 卡，还可附加支持 1～3 个符合 GSM11.11 的 SIM 卡尺寸的 SAM 卡座。

（9）用 USB 供电，有 LED 灯和 Beeper 蜂鸣器操作状态提示。

（10）采用 USB3.0 技术，即插即用，无须驱动。

（11）接口方式：USB 口。

（12）读卡距离：5～10cm。

（13）操作系统：Windows 2000、Windows Me、Windows XP、Windows 2003、Windows 7/8/10、Windows Server 2008、Windows 2012，以及 UNIX 和 Linux。

（14）使用环境：温度-20～60℃，湿度 10%～90%。

IC 卡读写器（KD-D32U/D38U-Ⅱ）如图 2-1 所示。

图 2-1 IC 卡读写器（KD-D32U/D38U-Ⅱ）

3. 指纹采集器

指纹采集器适用于带有指纹识别的应用系统，在制卡中心完成指纹的采集，将采集的指纹下发到各指纹考勤终端，同时实现卡与指纹的结合应用。

指纹采集器的技术要求如下。

（1）加密的图像数据。

（2）拒绝隐约的指印。

（3）拒绝伪造的图像。

（4）支持旋转指纹。

（5）粗糙的指纹处理。

（6）图像数据：8-bit 灰度图。

（7）兼容标准：FCC Class B，CE，CES，BSMI，MIC，USB，WHQL，VCCI。

（8）像素清晰度：700DPI（每英寸点数）。

指纹采集器如图 2-2 所示。

图 2-2 指纹采集器

4. 非接触式 IC 卡

非接触式 IC 卡的技术参数如下。

（1）卡类型：Mifare 1 S50 感应式 IC 卡。

（2）芯片：Philips Mifare 1 S50。

（3）存储容量：8kbit，16 个扇区。

（4）工作频率：13.56MHz。

（5）通信速率：106KBoud。

（6）读写距离：2.5～10cm。

（7）读写时间：1～2ms。

（8）工作温度：-20~85℃。

（9）擦写寿命：大于 100000 次。

（10）数据保存年限：大于 10 年。

（11）外形尺寸：ISO 标准卡 [85.6mm×54mm×0.80mm（长×宽×厚）] 厚卡/异形卡。

（12）封装材料：PVC（聚氯乙烯），ABS（丙烯腈-丁二烯-本乙烯共聚物），PET（聚对苯二甲酸乙二酯），PETG（透明、非结晶型共聚酯），线径为 0.13mm 的铜线。

（13）封装工艺：超声波自动植线/自动碰焊。

（14）执行标准：ISO 14443，ISO 10536。

5. CPU 卡

CPU 卡的技术参数如下。

（1）卡类型：单介面 CPU 卡。

（2）容量：64KB EEPROM。

（3）标准：符合 ISO 14443 Type A 国际标准。

（4）工作频率：13.56MHz。

（5）工作距离：5~10cm。

（6）CPU 指令兼容通用 8051 指令，内置 8 位 CPU 和硬件 DES 协处理器。

6. 数码摄像头

数码摄像头用于人像或人脸照片采集使用，技术参数如下。

（1）感光元件：CMOS。

（2）动态分辨率：1280 像素×720 像素。

（3）静态分辨率：1280 像素×960 像素。

（4）最大帧频：30FPS。

（5）静态图片格式：BMP/JPEG。

（6）接口类型：USB2.0（支持 USB3.0）。

（7）支持系统：Windows 版。

数码摄像头的性能参数如下。

（1）镜头描述：高清镜头。

（2）对焦方式：自动对焦。

（3）曝光控制：自动。

（4）白平衡：自动。

数码摄像头（Pro-C920）如图 2-3 所示。

图 2-3　数码摄像头（Pro-C920）

7. 二代身份证阅读器

二代身份证阅读器的功能特点如下。

（1）从任意角度读取卡内数据，准确可靠。

（2）自带蜂鸣器，智能判别并提示读卡成功，不需要窗口工作人员的提示。

（3）软件界面美观，功能丰富，可以提供、定制与其他应用系统的数据接口。

（4）软件窗口可灵活控制，在验证的同时不影响其他软件窗口的使用。

（5）可以校验核对居民身份号码，对不正确的给出提示。

（6）可以判断并显示居民身份证的初始发证地。

（7）软件有数据库功能，可保存验证记录、查询验证的时间，并打印或导出验证记录。

（8）可选 PS/2 接口，在 PC 端或其他终端下，通过键盘功能键自动录入各项身份证信息。

（9）扩展灵活，提供开放的 API，供用户进行应用开发，支持 VC/VB/ PB/DELPHI 等开发平台。

二代身份证阅读器的技术参数如下。

（1）符合公安部 GA450、1GA450 标准规范，非接触 IC 卡 ISO 14443 标准，GB/T 2423—2001 标准规定。

（2）读卡时间：小于等于 1 秒。

（3）供电：通过计算机的 USB 接口。

（4）天线谐振频率：13.56MHz。

（5）有效读卡距离：0～5cm。

（6）平均无故障工作时间（MTBF）≥5000 小时。

（7）电源电压：5V±5%，采用 USB 接口馈电方式或者外接电源适配器。

（8）通信接口：RS232 接口符合 GB 6107—2000 接口规范，USB 接口符合 USB1.1 规范。

（9）工作温度：0～50℃。

（10）相对湿度：小于等于 90%。

（11）大气压力：86～110kPa。

（12）重量：360g。

（13）尺寸：168mm×90mm×52mm（长×宽×高）。

二代身份证阅读器［SS628（100U）］如图 2-4 所示。

图 2-4 二代身份证阅读器 ［SS628（100U）］

 关键技术

2.1 智能卡技术

1. 概念

ISO 使用的标准术语为 ICC（Integrated Circuit Card），即"集成电路卡"。

智能卡（Smart Card）的定义：一个符合 ISO ID1 定义的塑料卡片内封装了一个集成电路的器件，卡的外形尺寸为 85.6mm×53.98mm×0.76mm（长×宽×厚），与银行所使用的磁卡相同。

一些智能卡包含一个微电子芯片，智能卡需要通过读写器进行数据交互。智能卡配备有 CPU、RAM 和 I/O 端口，可自行处理数量较多的数据而不会干扰到主机 CPU 的工作。智能卡还可过滤错误的数据，以减轻主机 CPU 的负担，适应于端口数目较多且通信速度要求较高的场合。卡内的集成电路包括中央处理器 CPU、可编程只读存储器 EEPROM、随机存储器 RAM 和固化在只读存储器 ROM 中的卡内操作系统 COS（Chip Operating System）。卡中数据分为外部读取和内部处理数据。

2. 组成

1）硬件组成

（1）基片：指智能卡的外表材质，多为 PVC 材质，也有纸制材质。

（2）接触面：金属材质，一般为铜制薄片，集成电路的输入/输出端连接大的接触面，这样便于读写器的操作，大的接触面也有助于延长卡片使用寿命；触点一般有 8 个（C1、C2、C3、C4、C5、C6、C7、C8），但由于历史原因有的智能卡设计成 6 个触点（C1、C2、C3、C5、C6、C7，C4 和 C8 设计为将来使用）。另外，C6 原来设计为对 EEPROM 供电，但因后来 EEPROM 所需的程序电压（Programming Voltage）由芯片直接控制，所以 C6 通常也不再使用了。

（3）集成芯片：通常非常薄，在 0.5mm 以内，直径大约 1/4cm，一般呈圆形、方形，内部芯片一般有 CPU、RAM、ROM、EPROM。

2）软件组成

（1）卡内操作系统又称为 COS，卡内操作系统用于响应外界设备对卡片发送的指令，如验证计算、读/写数据、读卡号、写入密钥、锁定数据区、非法操作自动销毁卡片的相关设置、验证读卡器权限等操作。

（2）一般卡内存储的数据有：验证读卡器权限用的算法、被验证的密钥、卡号、数据区（例如，深圳通、羊城通之类的公交卡可以保存余额、办卡日期，停车场的卡可以保存进场时间，就餐卡可以保存剩余金额、使用者信息）。

3. 功能用途

（1）身份识别：运用内含的微计算机系统对数据进行数学计算，确认其唯一性。

（2）支付媒介：内置计数器（Counter）替代成货币、红利点数等，支持在线支付交易。

（3）加密/解密：在网络迅速发展的情况下，电子商务的使用率也大幅增加，部分厂商表示，网络消费最重要的在于身份的真实性、资料的完整性、交易的不可否认及合法性，密码机制如 DES、RSA、MD5 等，除可增加卡片的安全性外，还可采用离线作业，以降低在网络上的通信成本。

（4）信息：由于 GSM 行动电话的普及，SIM 卡需求量大增，智能卡技术的快速发展，使得行动电话从原来单纯的电话功能，延伸到今日的网络联机等功能。

4. 优点

（1）便于随身携带：智能卡可以方便地放到钱包或者卡包中，可以邮寄。

（2）存储容量大：一张卡可保存 4～6MB 的信息，其他便携式信息介质（磁卡、IC 卡、缩微胶片）均无法与其相比。

（3）信息记录的高可靠性与高安全性：由于是激光打孔式的记录方法，因此该卡片不怕任何电/磁干扰，有很强的抗水、抗污染及抗剧烈温度变化的能力。任何人以任何方法试图改变卡中信息的内容，必须留下痕迹。

（4）高保密性：智能卡内置的微处理器可以对数据进行加密处理，确保信息的安全性。与磁条卡相比，智能卡更难被复制和篡改，因此尤其适用于需要高安全级别的场景，如银行业务和身份认证。

（5）价格相对便宜。

5. 分类

（1）按镶嵌芯片分类：存储卡、逻辑加密卡、CPU 卡、超级智能卡、光卡。

（2）按交换界面分类：接触式 IC 卡、非接触式卡 IC 卡、双界面卡、混合卡。

（3）按数据传输方式分类：串行 IC 卡、并行 IC 卡。

（4）按应用领域分类：金融卡、非金融卡、社保卡。

（5）按电源类型分类：主动卡、被动卡。

2.2 二维码支付技术

1. 二维码概念

二维码在代码编制上巧妙地利用构成计算机内部逻辑基础的"0""1"比特流的概念，使用若干个与二进制对应的几何形体来表示文字数值信息，通过图像输入设备或光电扫描设备自动识读以实现信息自动处理。

二维码技术具有条码技术的一些共性：每种码制有其特定的字符集；每个字符占有一定的宽度，具有一定的校验功能等；同时还具有对不同行的信息自动识别功能以及处理图形旋转变化点功能。

2. 形成背景

早在 20 世纪 90 年代，二维码支付技术就已经形成，其中，韩国与日本是使用二维码支付技术比较早的国家，其二维码支付技术已经普及了 95%以上商户。

二维码支付技术在国内兴起并不是偶然，其形成背景主要与我国 IT 技术的快速发展以及电子商务的快速推进有关。IT 技术的日渐成熟，推动了智能手机、平板电脑等移动终端的诞生，这使得人们的移动生活变得更加丰富多彩。与此同时，国内电商行业也紧紧与"移动"相关，尤其是 O2O（线上到线下）的发展。有了大批的移动设备，也有了大量的移动消费，支付成本就变得尤为关键。因此，二维码支付技术便应运而生。

3. 特色

技术成熟：二维码支付在国外发达地区已经拥有成熟的技术手段，这给国内二维码技术发展奠定了基础。

使用简单：使用者安装二维码识别软件后，在贴有二维码的地方用手机刷一下就可以完成交易。

支付便捷：有了二维码支付手段，商家不必承受货到付款等高成本支付，而消费者也可以随时随地进行支付。

成本较低：由于技术的成熟、移动设备的普及，二维码支付成本变得很低。

4. 流程

二维码支付流程如图 2-5 所示。

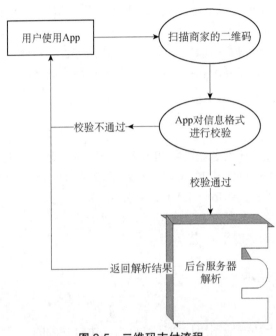

图 2-5　二维码支付流程

 项目实施

任务 2.1　方案设计

【任务规划】

本任务为系统总体方案设计，包含需求分析、网络架构设计两部分，通过完成本任务，让读者对校园一卡通系统有一个整体认识，并养成良好的方案设计习惯。

【任务目标】

（1）熟悉对校园一卡通系统进行需求分析的基本方法；

（2）掌握校园一卡通系统的关键设备选型方法；

（3）熟悉校园一卡通系统的关键设备相关参数；

（4）掌握网络架构设计方法。

【任务实施】

2.1 需求分析

1. 校园一卡通结算管理系统

1）概述

校园一卡通结算管理系统主要提供用户所需的多种财务需求，主要包括结算中心资金结算、商户管理与结算、清分、清算、银行圈存对账与补账、补助的管理与发放、统计分析、自定义查询。

2）功能描述

（1）结算中心资金结算。

①记账法：采用复式记账法，以借贷两方标识业务的发生情况，有借必有贷，借贷必相等。

②标准科目分类：资产、负债、权益、损益（收入、成本、费用、税金及附加），完全符合国家财政标准。

③生成会计凭证：依据管理中心的科目管理，支持自动生成会计凭证，支持与财务系统无缝对接。生成凭证，交易数据不需要手动录入，支持定时自动汇总凭证金额。

④主要资金往来业务：包括圈存转账、现金充值、生活补助、校园卡消费、商户收入支付。

（2）商户管理与结算。

①分类：独立结算商户（具备与财务处直接结算条件的单位）、非独立结算商户（不具备与财务处直接结算条件的单位）。

②立户：分配结算权限，登记商户的基本信息，包括姓名、开户银行、账号、联系方式等。系统将为每个独立结算商户制作一张商户卡，该卡记录商户的基本信息与最后一次结算情况。

③结算：凭商户卡结算，通过刷卡，显示商户的基本情况和以前的结算情况，以及是否有上次结算结转等信息。支持自动生成会计凭证（支付凭证），实现与学校财务系统无缝对接。

④打印结算报表：结算报表中包含上次结算结转，商户持由财务负责人签字的结算单，打印付款凭证，依据付款凭证进行付款。支持部分支付和全额支付，部分支付的剩余部分自动结转为下次结算。

⑤打印支付凭证：将商户结算情况写入商户卡，并记录商户结算情况，包括应结算金额、实际结算金额、结算会计期间、商户号、结算时间、付款凭证号、结算单号等。

⑥挂失：冻结商户的结算状态。挂失期满后，商户补卡，原来的商户卡不能使用。没有商户卡，不能进行结算。

⑦销户：回收商户卡，冻结商户账户的结算状态，所属商户的消费机撤销授权，支持保留商户历史数据。

⑧定期打印对账单：支持商户定期打印对账单，对某时间段内的结算情况进行对账。

（3）清分、清算。

明细交易按时间、商户号累计，汇总当日发生的业务数据，按商户级别分类统计，支持跨工作站进行累计，每台消费机最终属于某一个商户。

（4）银行圈存对账与补账。

①对账：圈存转账系统从银行获取对账文件，每日获取前一日对账文件，核对转账记录，根据对账结果显示不同的状态，系统将出现的异常记录生成文件，发送给银行核对。

②补账：在自动圈存过程中写卡失败，系统将对银行发起冲正，在连续三次冲正失败后，系统认为本次交易冲正失败。此时银行已下账，但写卡失败，圈存补账则将转账金额重新写入该校园卡。

（5）补助的管理与发放。

①发放：给不同身份、职务人员发放补助。

②管理：导入和查看补助人员清单。

（6）统计分析。

①各项资金往来业务统计报表，分为日报、月报、期报、年报。

②对持卡人、商户、收费单位的账目进行多种条件的组合查询。

③持卡人综合消费水平分析。

④商户营业状况分析。

⑤详细报表：分为营业报表、出纳报表、财务报表、补助报表、转账报表、综合报表、客户报表等。

⑥日志：每一步重要的数据库操作均生成日志备查，并自动上传到中心服务器。

⑦具备异常的操作功能，如圈存补账、黑名单消费、冲账、消费机脱机消费等。

⑧消费、补助、充值、圈存等按照不同的时间段、消费点、持卡人，支持按财务要求生成不同功能的明细、小结、结算等报表。

⑨财务结算机制和报表符合国家财务相关规定。

（7）自定义查询。

①支持数据库多表的关联查询，支持内联接及左外联接。

②支持行间、单元格间复杂计算。

③提供一次表达式及二次表达式，支持对报表数据源进行二次加工处理，支持行间、单元格间复杂计算。

④支持报表字段自定义。

⑤操作人员将数据库字段按规则增加到需要的报表中，自定义设定报表查询条件时，可以自由灵活定义各种模糊条件及显示格式。

2. 校园一卡通制卡管理系统

1）概述

校园一卡通制卡管理系统是校园一卡通系统的基础，是系统稳定且正常运行的关键基础服务之一，负责整个校园一卡通系统中人员的基础数据录入：包括证件照、人脸采集，指纹采集等；同时实现用户卡片的全生命周期过程管理，实现证照采集，打印一体化。其子系统制卡中心还承担了人工充值、退减款、纠错等相关工作。

目前一卡通的核心介质已经发展成为卡片、虚拟卡、人脸等多种媒介，制卡中心也在传统实体卡制卡中心的基础上，扩展了虚拟卡管理中心。通过实体卡制卡中心与虚拟卡管理中心的结合应用，满足了不同类型用户、不同应用场景下用户的需求，用户可灵活地发行实体卡或申领虚拟卡。

2）功能描述

（1）人事卡务。

人事卡务主要是对人员信息和卡务信息进行管理，包括部门管理、人员管理、卡片管理、照片采集等高级功能。一张用户卡正常的生命周期为：发卡—充值—消费—退卡。特殊情况下的生命周期为：发卡—特殊情况—退卡。其中，特殊情况包括：充值错误（账户减款功能，将多余的部分减掉）；消费错误（账户纠错功能，纠正消费金额）；卡片遗失（用户卡挂失—补卡—补卡余额转入）；用户卡更换（换卡补卡功能，读旧卡—换新卡）；无卡退卡（挂失用户卡后，查询—无卡退卡）。

①批量变更部门：根据导入模板填写人员新部门信息后，批量导入。

②银行绑定：定制功能。根据提供的模板将正确的用户银行账户导入。

③人员余额导入：定制功能，用于导入用户余额。

④欠费报停导入：定制功能，根据模板可以将欠费人员信息导入。

⑤缴费激活导入：定制功能，根据导入模板导入人员缴费信息。

⑥导入人员照片：定制功能，根据导入规则与导入人员对应的照片。

⑦导入走住校信息：定制功能，根据导入模板导入人员的走住校信息。

⑧个人发卡：一次对一个人员进行发卡操作。每个用户必须在制卡中心进行发卡，才能在系统的设备上使用。在人员发卡界面，显示发卡人员信息、账户信息、卡片基本信息，确认信息正确；将加密后的卡片放置于读写器上面，在发卡界面中单击"发卡"按钮，读写器蜂鸣一声，表示发卡成功且有提示信息。

⑨批量发卡：对未发卡人员进行批量发行用户卡；同一批次人员的发卡信息、账户信息相同。

⑩证卡打印：用户可自定义打印模板信息，对用户信息进行卡片打印操作。

⑪可以对打印模板进行新建、保存、另存为、删除操作。

⑫背景头像：单击"背景图"按钮，可从本地选择需要打印的背景图片，可将背景图片调整为纵向和横向。单击"添加头像"按钮，可从本地选择一个头像图片，可调整头像位置及大小，不会实际打印显示出来。

⑬文本内容：添加需要的文本信息放在合适的位置，可以拖动和调整大小，目前文本内容包括人员编号、人员姓名、部门名称、职务、自定义文本内容；选择完成文本内容后单击"添加"按钮，将文本内容添加至打印模板中。

⑭属性：调整文本内容的属性，针对自定义文本内容输入信息。

⑮挂失管理：遗失的用户卡，及时在"挂失管理"模块中进行挂失，保障用户的财产安全。挂失卡可以进行"解挂失"和"补卡"操作以恢复使用。

⑯换卡补卡：当用户的卡片与某些强磁场的物体接触导致卡片不能正常使用时，必须将旧卡退回再补发新卡。

⑰退卡回收：若不再使用此卡片，可以进行退卡回收操作。退卡回收的卡片可重复使用。

⑱特殊卡片处理：人员进行无卡退卡后，挂失的卡找回后需要重新利用，可以进行此操作。若在消费的时候由于机器时间错乱，造成卡上时间错误，可进行时间校正。

⑲拾卡信息管理：对于捡到的用户卡，拿到制卡中心，读卡，录入卡片信息到拾卡系统中。拾卡系统中存在的卡，当进行挂失时，会提示该卡在拾卡信息中存在。

⑳导入人员电话：定制功能，根据导入模板导入人员的电话信息。

㉑导入教务人员信息：定制功能，根据同步地址中的信息同步部门和人员信息。

㉒导入学号：定制功能，根据导入规则导入人员对应的学号信息。

（2）宿舍管理。

宿舍管理主要对宿舍水卡、电卡等进行管理，包括房间发卡、房间批量发卡、房卡信息查询、房卡挂失、房卡换卡、房卡退卡、用户购电、用户购水、电卡冲正、水卡冲正、房卡转账等功能。

（3）财务管理。

财务管理主要对用户卡进行充值、减款、纠错、转账等操作，包括账户充值/减款、补助充值/减款、次数充值/扣除、水控充值/减款、补卡余额转入等功能。

（4）系统用卡管理。

系统用卡管理主要对系统功能卡进行管理，包括对系统卡、水控费率卡、水控功能卡的管理。

（5）系统管理。

查询管理包括查询系统版本信息、帮助文档，系统注册、更新 UKey（加密狗）以及系统的重新登录、安全退出等功能。

2.2 网络架构设计

1. 网络架构

网络架构是进行通信连接的一种网络结构，是为设计、构建和管理一个通信网络提供一个构架和技术基础的蓝图。网络构架定义了数据网络通信系统的每个方面，包括但不限于用户使用的接口类型、使用的网络协议和可能使用的网络布线的类型。

典型的网络架构有一个分层结构。分层是一种现代的网络设计原理，它将通信任务划分成很多更小的部分，每个部分完成一个特定的子任务。网络架构如表 2-2 所示。

表 2-2　网络架构

OSI/RM 模型（理论上的标准）	TCP/IP 模型（事实上的标准）
应用层	应用层
表示层	
会话层	
传输层	传输层
网络层	网络层
数据链路层	链路层
物理层	

1）OSI/RM 模型

（1）物理层：主要定义物理设备标准，如网线的接口类型、光纤的接口类型、各种传输介质的传输速率等。它的主要作用是传输比特流（由 1、0 转化为电流信号来进行传输，到达目的地后再转化为 1、0，也就是我们常说的数模转换与模数转换）。这一层的数据叫作比特。

（2）数据链路层：定义了如何让格式化数据以帧为单位进行传输，以及如何控制对物理介质的访问。这一层通常还提供错误检测和纠正功能，以确保数据的可靠传输。

（3）网络层：为位于不同地理位置的网络中的两个主机系统之间提供连接和路径选择。Internet 的发展使得从世界各站点访问信息的用户数大大增加，而网络层正是管理这种连接的层。

（4）传输层：定义了一些传输数据的协议和端口号（WWW 端口 80 等），如 TCP（传输控制协议，传输效率低，可靠性强，用于传输可靠性要求高、数据量大的数据），UDP（用户数据报协议，与 TCP 特性恰恰相反，用于传输可靠性要求不高、数据量小的数据，如 QQ 聊天数据就是通过这种方式传输的）。传输层主要是将从下层接收的数据进行分段和传输，到达目的地址后再进行重组。

（5）会话层：通过传输层（端口：传输端口、接收端口）建立数据传输的通路。会话层主要在系统之间发起会话或者接收会话请求（设备之间需要互相认识可以是 IP 地址也可以是 MAC 地址或者是主机名）。

（6）表示层：可确保一个系统的应用层所发送的信息可以被另一个系统的应用层读取。例如，PC 之间进行通信，其中一台 PC 使用扩展二-十进制交换码（EBCDIC），而另一台 PC 则使用美国信息交换标准码（ASCII）来表示相同的字符。如有必要，表示层会通过使用一种通用格式来实现多种数据格式之间的转换。

（7）应用层：最靠近用户的 OSI 层。这一层为用户的应用程序（如电子邮件、文件传输和终端仿真）提供网络服务。

2）TCP/IP 模型

（1）链路层：以太网规定，接入网络的所有设备，都必须具有"网卡"接口，数据包必须从一块网卡传送到另一块网卡中。通过网卡能够使不同的计算机之间连接，从而完成数据通信等功能。网卡的地址——MAC 地址（全球唯一），就是数据包的物理发送地址和物理接收地址。

（2）网络层：引进一套新的地址，使得我们能够区分不同的计算机是否属于同一个子网络，这套地址就叫作"网络地址"，就是我们平时所说的 IP 地址。网络层协议包含的主要信息是源 IP 地址和目的 IP 地址。

（3）传输层：通过网络层 IP 地址确认交互端，通过 MAC 地址确认信息发送目标，最终通过端口指定要发生信息交互的程序。

（4）应用层：接到传输层传送过来的数据从而对数据进行解析，规定程序的数据格式。

2. 校园一卡通系统网络架构

校园一卡通系统的网络拓扑图如图 2-6 所示。

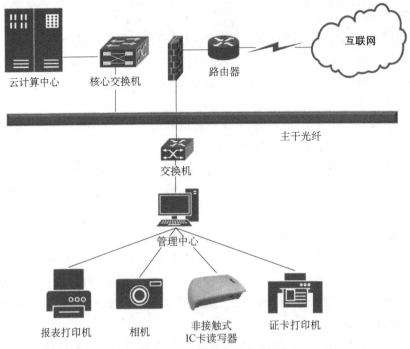

图 2-6　校园一卡通系统的网络拓扑图

任务 2.2　硬件安装

【任务规划】

　　本任务为校园一卡通系统实施与部署，包含设备的检测、安装、接线和参数配置；让读者学会校园一卡通系统中人脸识别智慧餐台等设备的安装及配置，熟悉 TCP/IP 网络架构、485 网络架构的综合布线的相关要求。

【任务目标】

　　（1）熟悉综合布线的相关规范；
　　（2）能够安装并使用人脸识别智慧餐台等设备；
　　（3）能够实现 TCP/IP 网络架构和 485 网络架构设备的安装布线。

【任务实施】

2.1　综合布线

1. 工作区子系统

　　工作区子系统由终端设备及连接到信息插座的设备组成，包括插座面板、适配器、摄像头、投影仪、打印机等。

2. 水平子系统

水平子系统由工作区信息插座到管理区子系统的配线架之间的固定布线组成，包括水平电缆、光缆、中间配线。

3. 管理区子系统

管理区子系统由交连、互连和输入/输出设备组成，主要设置在楼层配线架、弱电井内，是水平子系统电缆端接的系统，也是主干系统端接的系统，该子系统多数情况下采用6U-12U壁挂式机柜。

4. 垂直干线子系统

垂直干线子系统负责连接管理区子系统和设备间子系统，其布线包括光缆和大对数双绞线。

5. 设备间子系统

设备间子系统是智慧小区中数据、语音垂直主干线缆终接的系统，常布置在机房中。

6. 建筑群子系统

建筑群子系统主要用于将一个建筑物和另一个建筑物连接起来，一般通过光缆。

7. 消费系统布线说明

1）TCP/IP 网络架构

在TCP/IP网络架构中,每台消费机都需要布一根网线到就近交换机,交换机再到服务器、管理端计算机。消费机至交换机之间距离与服务器、管理端计算机至交换机之间距离不能超过100m。每台消费机就近取电，都配有电源适配器，所有在需要放置消费机的位置要安装强电插座。

2）485 网络架构

485网络架构采用总线方式，通信只需要一根网线或者2芯双绞线。485网络理论通信距离是1200m，但是在实际使用中如超过300m就需要在终端设备处加上电阻增加信号，并且要使用有源485协议转换器。如线路达到700m以上就需要在线路终端加装信号放大器，增强信号传输消费机，采用就近单独供电。

3）系统接线注意事项

台式485网络架构的消费机，在接入消费机一端采用RJ45水晶头压接的方式。RJ45用标准568B的接线标准（橙白、橙、绿白、蓝、蓝白、绿、棕白、棕），另外一端不需要用水晶头，将棕色和蓝色的网线接入485通信总线即可。挂式消费机，在出厂时已经将接头线制作好，只需要将棕色和蓝色的线接入485通信总线。

通信总线以2芯双绞线为例，双绞线颜色分别为蓝色和棕色。消费机连接线的蓝色焊接在总线的蓝色线上，棕色焊接在棕色线上。总线上的蓝色接485协议转换器负极，棕色接485协议转换器的正极。注意消费机连接线与通信总线的节点必须要进行焊接，并且焊接点要进行错位焊接，两焊点之间距离至少在20mm以上。

2.2　设备安装

1. 设备检测

首先观察组件是否存在损坏，然后依次使用工具检测组件是否完好。设备状态的检测包括设备是否运行，运行是否正常，有哪些异常的状态，设备运行的呈现效果如何。对故障的检测，我们可以首先检测设备运行的电流是否正常，设备电机是否有杂音，是否发热，机械设备是否有振动，是否缺油，能否实现正常要求的功能。此外还有设备通信状态，比如设备运行过程中工作指示灯是否正常点亮，线路是否破损，是否有未工作的电气模块等问题。

2. 设备安装

人脸识别智慧餐台安装：确认设备组件，依次放置组件。

第一步：安装准备。

将底柜从包装纸箱内抬出，倒放在地面上，将四脚脚轮安装上再正常放置于地面上。底柜有两扇柜门可以正常打开、关闭。

将结算台从包装纸箱内抬出，按照结算台底部的凹槽对准底柜扣上，注意结算台上有开口的一面对着底柜开门的方向，防止后期接错。

第二步：操作防护。

安装副屏之前要注意防护，将泡沫棉放在结算台上有利于保护屏幕在安装过程中不会受到损害。将副屏放在泡沫棉上，有线头的方向对着结算台有缺口的一面，便于连接各种连接线。

第三步：接线组装。

连接线分别为两根电源线（大头和小头线）、两根 USB 线（扫码线和刷卡线）、一根网线、一根天线板串口线，特别需要注意的是，连接串口线时要注意接线方向，对准有缺口的地方，不要接反，否则会将副屏烧掉。各连接线都接好之后将副屏对准结算台开口处的 4 个螺丝孔，扭上 M4 螺丝。主、副屏用螺丝拧紧，组装基本完成。

第四步：设备上电。

将两根分别为主板供电和天线板及副屏供电的电源线，接在结算台里面左下角的位置即可，将网线同样接在电源线旁边接口处。

第五步：启动设备。

开机键为主屏右下侧圆形按钮，按下之后按钮一圈会有蓝色光亮起，表示设备正常启动。

校园一卡通系统中其他设备的安装方法——与以上设备安装方法类似，此处不再赘述。

任务 2.3　软件部署

【任务规划】

本任务为校园一卡通系统软件的部署，包含系统软件的安装、配置和测试，通过完成本任务，让读者学会校园一卡通系统中 EC-Card 和 BCM 软件的安装、配置及使用，并熟悉软件调试的相关步骤及方法。

【任务目标】

（1）熟悉校园一卡通系统相关的软件环境；
（2）能够安装并配置校园一卡通系统的 EC-Card 和 BCM 软件；
（3）能够调试校园一卡通系统相关软件。

【任务实施】

2.1　EC-Card 安装部署

第一步：安装部署 IIS 服务。

注意一定要先安装 IIS，再装.NET 4.0 的运行环境，以免造成不必要的错误。

IIS 7.5 被分割成了 40 多个不同功能的模块,管理员可以根据需要定制安装相应的功能模块，这样可以使 Web 网站的受攻击次数减少，安全性和性能大大提高。所以，在"选择角色服务"的步骤中采用默认设置，只安装最基本的功能模块。

在服务器管理器中安装"Web 服务器（IIS）"角色。

单击系统左下角的服务管理器图标，打开"服务器管理器"窗口，单击"服务器管理器"窗口中的"角色"后单击"添加角色"选项；在"添加角色向导"窗口中单击"下一步"按钮，选择"Web 服务器（IIS）"选项；单击"下一步"按钮。

安装完成后，可以通过"管理工具"中的"Internet 信息服务（IIS）管理器"来打开 IIS 服务。执行完成后，就完成了 IIS 的安装。

第二步：安装或配置.NET 4.0 FrameWork 运行环境。

如果没有安装包，可以在本书提供的教学资源包中寻找，获取安装包之后，直接选择默认安装，不用进行任何修改。

第三步：EC-Card 安装。

双击 EC-Card 安装文件，执行安装操作。进入安装程序界面，选择安装程序的位置，可以修改默认路径，选择安装程序的位置，建议安装在非系统盘和空余容量较大的磁盘中，单击"下一步"按钮；单击"安装"按钮则会进入安装过程，等待 2～5min（与计算机配置有关系）后则会完成安装，出现提示信息即安装成功。

安装完后，安装目录的相关结构如下。

CardCenter：制卡中心，负责发卡充值等卡务操作。

CardPrivilegSys：一卡通权限服务。

CardService：一卡通 WS 服务，提供系统需要的所有业务处理。

CardWeb：一卡通 Web 页面，面向用户提供用户管理操作。

ECATM：一卡通自助服务终端，主要用在触摸屏查询机上（可能不包含）。

SysDB：系统数据库文件夹，提供了系统使用的原始数据库文件。

WebSearchSrv：一卡通 Web 自助查询平台（可能不包含）。

2.2　数据库安装

具体操作步骤同项目一相关内容。

2.3　WebService 服务部署

校园一卡通系统和智慧通道系统都是一卡通工程的子工程项目,因此软件部署过程类似。其中，一卡通平台 WS 服务的部署与消费数据交互服务的配置（在智慧通道系统中为通道数据交互服务的配置）比较特殊，具体如下。

1. 部署一卡通平台 WS 服务

打开"Internet 信息服务（IIS）管理器"对话框，选中"网站"选项并右击，在弹出的快捷菜单中单击"添加网站"选项；在"添加网站"对话框中，选择好对应的文件路径和应用程序池，输入 IP 地址及对应的端口，端口建议从 8081 开始（如果提示被占用，请替换没有使用的端口号），其中 1 为平台的 WS 接口，2 为食堂消费管理系统的 WS 接口，3 为水控节能系统 WS 接口，4 为访问管理系统 WS 接口。

2. 配置消费数据交互服务

进入目录：D:\Program Files\易云一卡通\消费数据交互服务，双击执行程序"SysConfig.exe"，在"EC-Card 配置工具 Ver2.0"对话框的"数据交互服务配置"选项卡中进行数据库连接配置操作。

进行数据库连接测试，测试通过后，单击"保存"按钮，保存数据库连接配置信息。

找到并双击 DataSrv.exe，打开消费数据交互服务，如图 2-7 所示。

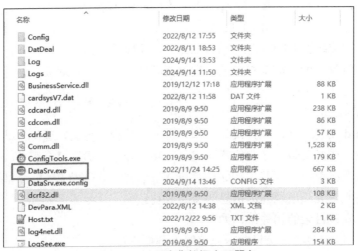

图 2-7　打开消费数据交互服务

提示电脑尚未注册，单击"确定"按钮，如图 2-8 所示。

弹出"申请注册采集节点"界面，单击"将注册信息发送提交至平台由管理员审核"按钮，如图 2-9 所示。

图 2-8　电脑未注册提示

图 2-9　申请注册采集节点

登录 EC-Card 综合管理平台，对发送的采集节点授权，如图 2-10 所示。

图 2-10 对采集节点授权①

授权完成后，再次双击 DataSrv.exe 可成功运行消费数据交互程序。

2.4 BCM 安装部署

在安装本软件前，请确认已安装 SQL Server 2005 或以上版本数据库。

第一步：安装软件。

进入目录 D:\Program Files\智能一卡通管理系统 BCM6.2\BCM，运行该目录下的程序"DbConfig.exe"，在该程序界面的第一个选项卡中进行数据库安装操作。根据提示安装软件，待安装成功后运行主程序，弹出登录界面。

第二步：安装及配置系统数据库。

一键安装数据库，单击"测试连接"按钮，连接成功后再单击"确定"按钮，进入数据库安装配置界面。一键安装后，再单击"一键配置"按钮。

安装及配置系统数据库成功后，在登录界面输入默认用户名及密码，单击"确认"按钮或按回车键即可登录。默认用户名和密码为 admin。

将系统初始化卡放置于读卡器上，单击"发系统卡"按钮即可。（系统密码：自己设置8 位纯数字；扇区自己选定）。BCM 根目录下自动生成 cardsysV7.dat 文件，重启系统，系统信息生效。

第三步：系统备份。

BCM6.2 版本无自动备份功能，只能在软件的系统管理菜单内使用系统数据库备份功能，在打开的对话框中选择备份文件保存地址，勾选"文件备份"复选框，再单击"备份"按钮。文件过大时，备份时间可能过长，在报告备份完成后，关闭对话框。

任务 2.4 验收与运维

【任务规划】

本任务为校园一卡通系统的验收与运维，包括系统测试、项目验收和系统运维，通过完

---

① 本书中软件界面中的"EC-CARD"应为"EC-Card"。

成本任务，让读者学习校园一卡通系统测试的步骤及方法，熟悉项目验收的流程，具备基本的系统运维能力。

【任务目标】

（1）熟悉校园一卡通系统业务运行流程；
（2）能够对系统的功能进行测试；
（3）能够完成项目验收；
（4）初步具备系统运维能力。

【任务实施】

2.1 系统测试

1. 测试内容

1）功能测试

测试人员根据系统的需求、设计、测试方案等文档编写测试用例，要求测试用例的功能覆盖率要达到 100%，测试过程中测试人员严格执行测试用例并记录测试结果，验证系统的功能实现是否达到设计要求，是否满足用户目标。测试过程中所有问题提交 BugFree（bug 管理系统）。

2）性能测试

系统经过测试后形成相对稳定版本，测试组在稳定版本的基础上选择性能测试点进行性能测试，测试组负责编写性能测试方案，对系统进行压力测试、并发测试、稳定性测试。测试过程中使用性能测试工具 LoadRunner 进行测试。执行性能测试时，同时填写《性能测试记录表》《性能测试调优过程记录表》。

2. 测试方法

1）等价类划分法

等价类划分法是一种典型的、重要的黑盒测试方法，它将程序所有可能的输入数据划分为若干等价类，然后从每个部分中选取具有代表性的数据作为测试用例。测试用例由有效等价类和无效等价类的代表数据组成，从而保证测试用例具有完整性和代表性。使用该方法设计测试用例主要有两个步骤：第一步为确定等价类，第二步为生成测试用例。

2）边界值分析法

边界值分析法是对程序输入或输出的边界值进行测试的一种黑盒测试方法。实际的测试工作证明，考虑了边界条件的测试用例比那些没有考虑边界条件的测试用例具有更高的测试回报率。这里所说的边界条件，是指输入与输入等价类中那些恰好处于边界或超过边界或在边界以下的状态。

3）因果图法

因果图法也是较常用的一种黑盒测试方法，是一种简化了的逻辑图。因果图能直观地表明输入条件和输出动作之间的因果关系，能帮助测试人员把注意力集中到与程序功能有关的输入组合上。因果图法是一种适合于描述对于多种输入条件组合的测试方法，根据输入条件的组合、约束关系和输出动作的因果关系，分析输入条件的各种组合情况，从而设计测试用例的方法，它适合于检查程序输入条件的各种组合情况。

4）错误推测法

错误推测法是基于以往的经验和直觉，参照以往的软件系统出现的错误，推测当前被测程序中可能存在的缺陷和错误，有针对性地设计测试用例。

5）黑盒测试

每个即将发布的软件或嵌入式系统都需要做黑盒测试。黑盒测试也无疑是软件研发过程中最普遍使用且必不可少的测试方法，因为无论什么类型的软件的研发，无论对质量和流程的要求如何，软件在发布之前至少都需要对其基本的功能性进行验证。

黑盒测试，通常就是指"功能测试"，主要是为了检测应用程序的每个功能是否正常。在黑盒测试过程中，测试人员依据应用程序的需求设计文档，设计特定的输入条件并检验程序的输出值是否符合期望，以此验证程序的功能正确性。黑盒测试的范围非常广泛，这也意味着在每个方向上可能都存在或多或少的困难和挑战。

黑盒测试能检测出以下问题：

（1）主要功能是否正常；

（2）功能是否有遗漏；

（3）是否能够正常接收数据并输出正确的结果；

（4）是否能够对非常规操作或极端输入条件进行处理；

（5）是否存在运行稳定性的异常情况；

（6）是否存在初始化、终止、安全性或环境兼容性的问题；

（7）是否存在明显的可用性问题。

6）白盒测试

白盒测试又名为结构测试，主要目的是发现软件代码编写过程中的错误。代码编写错误的原因有很多。在代码编写过程中，程序员的编程经验不足、对于开发工具掌握程度不够以及编写代码时的精神状态不佳时，都有可能使他们在编写代码过程中出现错误。代码基本的语法错误在程序调试时，就能够很及时地被发现，然后被改正。但是代码在运算顺序、逻辑判断以及运行路径上的错误却很难被发现，在实际的代码编写中，没有程序员能够保证代码结构不出现任何错误，即使是水平很高的程序员也不能保证。白盒测试下，软件程序被看作一个打开的盒子，盒子里有测试软件的源程序，能够分析盒子内部的结构，所以这种测试方法能够全面地测试软件代码结构。

白盒测试的方法有三种，一是程序结构分析，根据源代码可以先绘制程序的流程图，然后根据流程图分析程序的结构；二是逻辑覆盖测试，根据程序的内部结构，对所有的路径进行测试，是一种穷举路径的测试方法；三是基本路径测试，根据程序的逻辑判断，分析程序中的路径，再进行用例设计。白盒测试是软件测试中比较重要的一种测试方法，可以分为四个步骤实施。第一步，撰写测试计划。根据需求说明书，制定软件测试的进度，确定人员、范围、技术、风险等，形成测试计划或测试方案。第二步，撰写测试用例。根据源代码及其分析，按照一定规范化的方法进行软件结构划分，并进行测试用例设计，形成测试用例表。第三步，执行测试用例。按照之前写好的测试用例，进行系统测试，并且记录测试结果，形成缺陷表和缺陷报告。第四步，撰写测试总结。将前期的测试工作做总结，分析用例的数量，发现的高、中、低缺陷数，评价本系统，并形成完整的总结报告。

3. 测试步骤

测试过程按三个步骤进行，即单元测试、集成测试、系统测试。

1）单元测试

首先按照系统、子系统和模块进行划分，但最终的单元必须是功能模块，或面向对象过程中的若干类。单元测试是对功能模块进行正确性检验的测试工作，也是后续测试的基础。进行单元测试目的是发现各模块内部可能存在的各种差错，因此需要从程序的内部结构出发设计测试用例，着重考虑以下五个方面。

（1）模块接口：对所测模块的数据流进行测试。

（2）局部数据结构：检查不正确或不一致的数据类型说明，使用尚未赋值或尚未初始化的变量、错误的初始值或缺省值。

（3）路径：虽然不可能做到穷举测试，但要设计测试用例查找由于不正确的计算（包括算法错误、表达式的符号不正确、运算精度不够等）、不正确的比较或不正常的控制流（包括不同类型数据的相互比较、不适当地修改了循环变量、错误的或不可能的循环终止条件等）而导致的错误。

（4）错误处理：检查模块有没有设计对预见错误比较完善的错误处理功能，保证其逻辑上的正确性。

（5）边界：注意设计数据流、控制流中刚好等于、大于或小于确定比较值的用例。

2）集成测试

集成测试也叫组装测试或联合测试（接口联调测试）。通常，在单元测试的基础上需要将所有的模块按照设计要求组装成系统，这时需要考虑以下问题。

（1）将各个模块连接起来时，穿越模块接口的数据是否会丢失。

（2）一个模块的功能是否会对另一个模块的功能产生不利的影响。

（3）各个子功能组合起来，能否达到预期要求的父功能。

（4）全局数据结构是否有问题。

（5）单元模块的误差累积起来，是否会放大，从而达到不能接受的程度。

3）系统测试

进行系统测试的目的是验证软件的功能和性能及其他特性是否与用户要求一致，包括以下内容。

（1）用户界面测试：测试用户界面是否具有导航性、美观性、行业或公司的规范性，是否满足设计中要求的执行功能。

（2）功能测试：验证功能实现是否满足用户需求。

（3）性能测试：测试系统对用户请求做出响应所需的时间、系统在单位时间内能够处理的请求数量、比较系统在不同负载条件下的响应时间变化。

（4）可靠性测试：测试系统对数据有效性检查能力和抵御误操作的能力。

（5）容量测试：测试大规模数据对系统的影响。

（6）容错性测试：测试软件系统克服软件、硬件故障的能力。

（7）数据安全测试：测试系统在出现异常情况下，是否可以保护数据不丢失；测试系统能否进行数据库的备份和恢复。

（8）易用性测试：重点关注系统的易理解性、易操作性、易学性。

（9）安装部署测试：确保软件系统在所有可能情况下的安装效果和一旦安装部署之后必须能保证正确运行的质量。

4. 校园一卡通系统测试

具体测试步骤如下：

（1）对整体流程进行测试，保证系统整体业务流程可以走通；

（2）对整体业务流程中的分支流程进行测试，保证系统业务分支流程可以走通；

（3）各业务系统流程测试；

（4）各子系统功能点测试；

（5）覆盖性测试；

（6）系统性能测试；

（7）回归测试贯穿于每个测试阶段。

系统整体要求如下：

（1）基础数据由数据采集系统从各系统子节点（实例为消费 POS 设备、自助终端设备、移动业务端）采集，包括人员信息、交易信息、时间信息等，形成基础数据。

（2）在系统中进行数据收集存储、数据加工处理、主题数据建立等操作，进行主数据转换加载与业务数据转换加载，产生中间过程数据，具有时间戳和更新标记。

（3）对集成数据进行分析，满足实时查询与统计需要，形成统计报表。

（4）动态数据仓库存储有风险数据、预警数据。

（5）对预警数据进行评分、排名并设置消息推送功能。

2.2　项目验收

1. 验收内容

项目验收时，要关注如下三个方面。

（1）要明确项目的起点和终点。

（2）要明确项目的最后成果。

2. 验收标准

项目验收的标准是指判断项目产品是否合乎项目目标的依据。项目验收的标准一般包括：项目合同书，国际惯例，国际标准，行业标准，国家和企业的相关政策、法规。

1）工作成果

工作成果是项目实施的结果，项目收尾时提交的工作成果要符合项目目标。工作成果验收合格，项目才能终止。因此，项目验收的重点是对项目的工作成果进行审查。

2）成果说明

项目团队还要向用户提供说明项目成果的文件，如技术要求说明书、技术文件、图纸等，以供验收审查。项目成果文件随着项目类型的不同而有所不同。

3. 验收步骤

（1）本项目按国家有关工程施工及验收规范和施工质量验收统一标准进行检测和验收。

（2）系统安装、移交和验收工作流程图如图 2-11 所示。

（3）在施工过程中，要完善各种质量验收手续，认真填写各种原始记录资料和质量验收表格，做到真实、准确、及时，由项目部施工员、质量员共同核对后整理成册。

（4）若验收期间发现问题，项目负责人将与用户共同探讨处理方法，形成处理意见，并明确问题类型及责任归属，以最快速度处理问题，问题解决后继续验收环节。

（5）本项目验收前，按用户要求编制一式四份验收报告。由项目经理负责整理完整的施工布线图、产品手册、项目需求变更资料、项目质量自检验收表，并加盖施工单位公章的《验收申请》后提交用户验收。

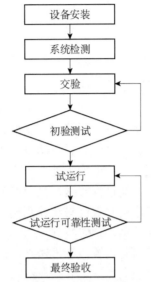

图 2-11　系统安装、移交和验收工作流程图

2.3　系统运维

（1）熟悉校园一卡通系统正常运行需要启动的服务；

（2）熟悉校园一卡通系统常见问题及解决办法；

（3）熟悉校园一卡通系统的各项功能，满足用户日常的功能使用答疑。

项目拓展

一、选择题

1. 以下哪个不是生物识别技术的应用？（　　　）

A. 指纹　　　　　　　B. 虹膜　　　　　　　C. 视网膜　　　　　　　D. ID 卡

2. 用于检测门的安全/开关状态的设备是（　　　）。

A. 出门按钮　　　　　B. 门磁　　　　　　　C. 门禁控制器　　　　　D. 电源

3. 读卡器一般安装在门外右侧，距地高度（　　　）m。

A. 1　　　　　　　　　B. 1.4　　　　　　　　C. 2　　　　　　　　　　D. 2.4

4. 高频电子标签工作频率是（　　　）。

A. 30～300kHz　　　　　　　　　　　　　B. 300MHz～3GHz

C. 3～30MHz　　　　　　　　　　　　　 D. 2.45GHz

5. 安全防范的三种基本防范手段是（　　　）。

A. 人防、物防、技防　　　　　　　　　　B. 门禁、监控、报警

C. 探测、延迟、反应　　　　　　　　　　D. 对象、外部、内部

二、判断题

1. 校园一卡通系统分为 Web 网站查询系统和圈存查询一体机系统。（　　　）

2. 校园一卡通系统在运行过程中支持的运行模式有脱机模式、联机模式两种。（　　　）

3. 一些智能卡包含微电子芯片，因此不需要通过读写器进行数据交互。（　　　）

4. RFID 是利用射频信号实现的一种非接触式的自动识别技术。（　　　）

5. 人脸识别是非强制性的，被识别的人脸图像信息可以主动获取。（　　　）

三、填空题

1. 校园一卡通系统是架构在网络平台上，以 IC 卡读写器为媒介，综合提供（　　　）与（　　　）服务功能的系统平台，以及其架构在此平台上的各种信息化应用系统。

2. 综合布线系统按 ISO/IEC1801 分为建筑群主干布线子系统、（　　　）和水平布线子系统。

3. CPU 卡，也称智能卡，卡内的集成电路中带有（　　　）、（　　　）及芯片操作系统 COS。

4. 超高频 RFID 系统的识别距离一般为（　　　）。

5. 需求分析的主要内容有（　　　）、非功能需求和（　　　）。

四、简答题

1. 校园一卡通系统的主要特性有哪些？

2. 校园一卡通系统有哪些基本的功能（任意三点）。

五、综合题

1. 人脸识别技术在生活中应用非常普遍，其先检测及采集人脸图像，再进行预处理和特征提取，最后与人脸图像数据库进行匹配与识别。请画出人脸识别技术的工作流程图。

2. 智能卡有哪些分类，请举例说明。

项目三

智慧图书馆工程项目实践

 项目导入

随着科学技术的发展、社会的进步、信息化建设不断推进，读者对图书馆服务质量要求越来越高。建设基于 RFID 的图书管理系统，用来识别、追踪及保护图书馆的所有资料，通过该系统实现图书借还、上架、查找，馆藏盘点等功能，能极大地提高图书馆的管理效率。智慧图书馆的出现、发展、成熟、广泛应用，使图书馆内部管理得到加强，提高了服务质量和工作效率。

项目目标

1. 任务目标

根据所学的内容，完成智慧图书馆系统的方案设计；硬件设备安装、调试；软件环境的安装部署和测试；并完成系统验收。

2. 能力目标

（1）能够设计特定场景下智慧图书馆系统方案，并编写设计文档；

（2）能够根据场景及需求进行设备选型和网络架构设计；

（3）能够完成硬件设备的安装、接线和配置；

（4）能够完成系统软件的安装、配置和调试；

（5）能够对智慧图书馆系统进行系统测试，并编写测试报告；

（6）能够熟练操作系统，并能准确排除故障，并能够对系统运行进行维护或升级；

（7）在工程项目实施过程中，具备"6S"管理意识；

（8）具备沟通、协调和组织能力，能够团队合作。

3. 知识目标

（1）掌握需求分析的基本方法；

（2）熟悉智慧图书馆系统的整体结构；

（3）掌握超高频射频识别技术、智能卡技术、指纹识别技术的概念、特点、分类、应用及工作原理；

（4）了解二维码的基本工作过程及工作原理；

（5）掌握网络架构设计的原理和方法；

（6）掌握智慧图书馆系统设备选型的原则和方法，了解智慧图书馆系统所需设备；

（7）掌握智慧图书馆系统测试的流程和方法。

4. 任务清单

本项目的任务清单如表 3-1 所示。

表 3-1　任务清单

序　号	任　务
任务 3.1	方案设计
任务 3.2	硬件安装
任务 3.3	软件部署
任务 3.4	验收与运维

项目相关知识

3.1　案例分析

1）中山大学图书馆

（1）项目背景：中山大学图书馆是拥有 1 个主馆和 4 个分馆的图书馆群，图书馆拥有百余万册（件）馆藏，其中包括上万册的珍稀善本；中山大学图书馆原采用词条和条码系统对馆藏图书进行管理；总馆与 4 个分馆已设置各项管理规则，如索引书号排架规则。

（2）项目挑战：契合馆内已有管理规则，无须对馆内原有规则做出改变；总馆、分馆的管理规则及读者借、还图书习惯各不相同，项目实施中需视环境灵活变通；各分馆间距离较远，出现故障时需尽快做出反应，当远程无法解决时，需尽快前往现场处理解决；馆藏图书珍贵，图书加工要求极高。

（3）解决方案：①图书馆大厅实现无人值守自助借还，单次借阅数量最多 6 本，图书馆门口安装安全门禁用于防盗。②馆外安装自助预约取书柜，读者无须入馆，即可在 3 日内任意时间段取走预约图书。③读者在任意时间，前往馆外自助还书机归还借阅图书，无须入馆。④馆内图书经自助还书机归还，通过分拣线根据指定分拣规则进行分拣，分拣完毕各书库管理员取走本库图书进行上架操作。

2）宁波诺丁汉大学图书馆

（1）项目背景：英国诺丁汉大学是稳居全球高校排名前 100 位的世界一流大学。远望谷通过全资子公司 FE technology 与英国诺丁汉大学完成了智能图书馆项目的合作，并与校方建立了深厚的友谊。宁波诺丁汉大学，是经中国教育部批准，由英国诺丁汉大学与浙江万里学院合作创办的中外合作大学。宁波诺丁汉大学图书馆是一栋 4 层 24000m^2 的建筑，目前约有 20 万册图书、2600 余个学习座位。

在海外，远望谷与英国诺丁汉大学建立了顺利愉快的合作，此次在中国，远望谷与宁波诺丁汉大学又一次达成合作，通过远望谷图书馆解决方案，为该校图书馆打造现代化、智能化图书馆服务。

（2）项目挑战：图书管理系统要与原有第三方软件系统对接，实现系统联动。要求设备运行稳定，可兼容识别历史遗留高频标签，提供本地化运维服务保障，配备本地备件库，售后问题 24 小时内及时响应。

（3）解决方案。①系统联动：引入远望谷 RFID 智能图书管理系统，与图书馆原第三方软件系统实现系统联动对接。②合理配置应用设备：完美兼容识别历史遗留高频标签，保证设备读取标签不受磁条干扰。③自助借还：依靠自助借还书机，读者可享受随时借书还书服务，有效提高图书馆图书流通率，节省人工办理成本。④24 小时便捷还书：读者 7×24 小时任意时间内，均可在 24 小时自助借还书机上完成借阅图书的归还，解除还书的时间和空间限制。⑤图书自动分拣：配合图书自助分拣机，使归还的图书自动分拣到其对应类别的还书箱中，实现图书自动归类功能。⑥安全防盗管理：图书馆门口配备 RFID 安全门禁，可快速检测经过安全通道的多个标签，对非法标签进行声光报警。

3.2 关键产品选型

RFID 技术的应用将有效降低一线人员的工作量，提高图书馆工作效率。智慧图书馆系统，将读者办证、图书借阅、图书归还、读者信息查询等多项服务通过自助式服务终端提供给读者，通过标准的通用软件界面帮助读者在无人指导情况下自助完成办证和图书归还服务，避免由于到馆读者人数过多导致的图书馆服务质量下降问题。

1. 图书电子标签

（1）标签为无源标签，须符合 ISO 15963、ISO 18000-3 标准。

（2）标签固有频率误差频率小于或等于±300kHz。

（3）RFID 阅读产品设备可在短时间内读取存储在标签中的资料（在实际工作环境中，若以标签容量 1024bits 为标准计算，每种工序中标签的读取速度都能达到 0.1s 之内，阅读距离不小于 25cm）。

2. 层架标签

（1）标签为无源标签，无须电池。

（2）行业标准：ISO 18000-3、ISO 15963。

（3）层架位标签长度<85mm±0.5mm。

（4）层架位标签宽度<25mm±0.5mm。

3. 自助借还书机

（1）系统具备可选择的归还功能，系统可以被馆员设定为仅有借书或还书功能。

（2）系统支持同时多本借还书，读者查询、续借等自助服务。

（3）须符合国际相关行业 ISO 18000-3、ISO 15963 标准等。

（4）外形尺寸：长×宽×高为 900mm×450mm×1400mm。

（5）操作台面尺寸：长×宽为 450mm×350mm。

（6）操作台面高度：850mm。

（7）操作屏：219 寸触摸屏。

（8）兼容 RFID 标准（ISO 18000-3 和 ISO 15963）。

4. 门禁系统

（1）设备外观设计典雅，宽度为 914mm，阅读范围半径为 2450mm，并且可以方便地集成到图书馆的家具设施和图书馆业务实施环境中。

（2）多通道安全门具备单通道独立报警和提示功能。

（3）当多个标签同时通过安全门时，具有很高的侦测率。

（4）符合国际相关行业标准，如 ISO 18000-3、ISO15963 等。

（5）单通道宽度≤914mm。

（6）外形尺寸≤600mm×30mm×1600mm（宽×厚×高）（单片）。

5．移动还书箱

（1）材质工艺：型材+板材+丝印+纤维。

（2）结构稳定，前两轮定向，后两轮自由转向，方便载重推动和转向。

（3）外形尺寸：长≥610mm，宽≥510mm，高≥800mm。

（4）容量≥150 册。

6．移动点检车

（1）可以非接触式地快速识别粘贴在流通资料上的 RFID 标签和层标、架标，完成盘点、查找等功能。

（2）设备主机要求采用触摸设备，屏幕尺寸≥10 寸。

（3）外形尺寸：长≤815mm，宽≤390mm，高≤815mm。

7．馆员工作站

（1）可对 RFID 标签进行非接触式阅读，有读取图书标签、编写图书标签、改写图书标签的功能。

（2）提供双重功能，可以处理符合 ISO 18000-3、ISO 15963 标准的 RFID 标签，同时支持扫描图书条形码。

（3）软件功能完备，支持馆员处理各种图书借还、自助续借、预约、处理罚金、检测、修改标签安全状态等业务。

（4）系统提供准确的用户所需的工作量统计，如操作数量、操作类型、成功与否的操作统计等。操作结束后可根据需要打印各种收据及书单。

8．图书馆集群管理系统云平台

图书馆集群管理系统云平台要求采用 B/S（浏览器/服务器）多层架构体系，保证系统的可扩充性和分布式部署的安全可靠性，软件要求包含以下基础模块：采编、流通、系统管理、特色功能、WEBOPAC 公共查询模块和扩展服务内容。

9．设备应用软件

（1）可以通过该管理服务平台连接到系统内的设备，如自助借还书机、安全门。

（2）分别监测各个设备中的硬件工作状态，实时显示设备工作状态。

（3）远程配置功能：可统一配置自助借还书系统的配置文件，派发或复制到全馆的任意一台自助借还书机上。

（4）数据可按天、周、月或自定义时间区段分段整合统计。

（5）可灵活地为连接到本服务的处于不同区域的设备制作统计数据图表。

10．RFID 系统操作软件

（1）软件采用模块化设计架构，各外设功能模块（如读者证模块、SIP2 接口模块）对应不同的配置文件，可根据实际需要在配置程序中灵活选择加载启用。

（2）具备读者自助操作、实时记录功能。

（3）系统提供自动续电功能，在网络短暂故障恢复后，自动连接图书馆业务系统服务器，并恢复自助服务，无须馆员协助连接或重启服务，可实现高频读/写。

（4）系统拥有远程监控和诊断功能，管理员可以远程登录自助设备进行管理。

（5）可以通过该系统操作软件连接到系统内的设备进行集中化的数据统计和配置。

 关键技术

3.1 超高频射频识别技术

超高频标签是指 840～960MHz 无源射频识别标签。超高频射频识别技术具有读/写速度快、存储容量大、识别距离远和同时读/写多个标签等特点，已经在物流等领域得到广泛应用。

3.2 智能卡技术

1. 智能卡分类

智能卡主要可分为超级智能卡、CPU 卡、存储器卡（又分为非加密存储器卡和加密存储器卡）。其中根据智能卡的读/写方式，又可分为接触式 IC 卡和非接触式 IC 卡。接触式 IC 卡，由读/写设备的触点和卡片上的触点相接触，进行数据读/写。国际标准 ISO 7816 系列对此类 IC 卡进行了规定。非接触式 IC 卡，则与读/写设备无电路接触，利用非接触式的读/写技术进行读/写（例如，光或无线电技术），其内嵌芯片除存储单元、控制逻辑外，增加了射频收发电路。这类卡一般用在存取数据频繁、可靠性要求特别高的场合。

1）超级智能卡

在卡上具有 MPU（微处理器）和存储器并装有键盘、液晶显示器和电源，有的卡上还具有指纹识别装置等。

2）CPU 卡

CPU 卡内嵌芯片相当于一个特殊类型的单片机，内部除带有控制器、存储器、时序控制逻辑等外，还带有算法单元和操作系统，因为 CPU 卡有存储容量大、处理能力强、信息存储安全等特性。

3）非加密存储器卡

其内嵌芯片相当于普通串行 E2PROM 存储器，有些芯片还增加了特定区域的保护功能，这类卡存储信息便利、使用简单、价格便宜，很多场合可替代磁卡，但因为其本身不具备信息保密功能，因此，只能用于保密要求不高的应用场合。

4）加密存储器卡

加密存储器卡内嵌芯片在存储区外增加了控制逻辑，在访问存储区之前需要核对密码。只有密码准确，才能进行存取数据操作，这类卡信息保密性较好，使用方法与普通存储器卡类似。

2. 智能卡应用

1）银行应用

银行竞争渐趋激烈，为提高客户的忠诚度，并吸引更多新客户加入，各家银行推出各式红利优惠方案，并改善客服制度，而借助智能卡的使用，不仅可实现全天 24 小时自由转账功能，并可以减少银行业务员以及客户的书面作业程序时间。市场上已有多家银行发行智能卡，MasterCard 以及 VISA 两大信用卡集团已换发智能卡。

2）医疗纪录

一旦医保卡 IC 化（指内置了非接触式 IC 卡的芯片），个人医疗纪录可存储于芯片中，不论到哪家医院就诊，皆可得知个人医疗状况，医生可立即得知患者的就诊纪录，患者也可免除填写病历表的时间，并降低医院病历档案维护成本。

3）门禁控制

门禁控制对企业和学校来说相当重要，智能卡除可用作一般门禁管理外，还可存储小额款项，常用于与一般商店合作消费，例如，英国某门禁系统制造商将原本使用于门禁上的智能卡同时应用于提款机上，有效结合了门禁与电子钱包的功能。

3.3　指纹识别技术

指纹识别是将识别对象的指纹进行分类比对从而进行判别。指纹识别技术作为生物特征识别技术之一在 21 世纪已十分成熟，进入了人类的生产、生活领域。

1. 背景

指纹识别技术是众多生物特征识别技术中的一种，所谓生物特征识别技术（biometrics），是指利用人体所固有的生理特征或行为特征来进行个人身份鉴定，由于生物识别所具有的便捷与安全等优点，使得生物特征识别技术在身份认证识别和网络安全领域拥有广阔的应用前景，可用的生物特征识别技术有指纹、人脸、声纹、虹膜等，指纹是其中应用最为广泛的一种。

近些年，指纹识别技术应用到智能手机上，成为支持手机解锁、在线支付的重要基础技术。未来，基于 FIDO（线上快速身份验证联盟）等协议、指纹识别等生物特征识别技术将全面取代现有的密码体系。在指纹识别算法上，最初是对指纹分类技术的研究，以提高指纹档案检索的效率。目前主流的指纹识别算法则基于指纹纹线的端点、分叉点等细节特征。随着指纹识别技术在移动设备上的应用，指纹采集芯片的尺寸日益小型化，基于汗孔、纹线形状等 3 级特征的识别算法日益受到重视。在指纹采集技术上，首先出现的是油墨捺印方法。油墨捺印的指纹卡片通过扫描方式数字化进行存储和后续处理。20 世纪 70 年代以后，光学式指纹采集技术的出现和普及促进了指纹的现场快速采集和验证。移动设备上的应用则促进了小尺寸超薄指纹采集技术的快速发展。

2. 技术分类

指纹识别技术主要分为验证和辨识。

1）验证

验证是通过把一个现场采集到的指纹与一个已经登记的指纹进行比对来确定身份的过程。指纹以一定的压缩格式存储，并与其姓名或标识（ID，PIN）联系起来。随后再对比现场，先验证其标识，然后利用系统的指纹与现场采集的指纹比对来证明其标识是否合法。

2）辨识

辨识是把现场采集到的指纹同指纹数据库中的指纹逐一对比，从中找出与现场指纹相匹配的指纹，这也叫"一对多匹配"。

3. 工作过程

读取指纹图像、提取特征、保存数据和比对。

4. 优点、缺点

1）优点

（1）指纹是人体独一无二的特征，并且它们的复杂度足以提供用于识别的特征。

（2）如果要增加可靠性，只需登记更多的指纹、鉴别更多的手指，最多可以达 10 个，而每一个指纹都是独一无二的。

（3）扫描指纹的速度很快，使用非常方便。

（4）读取指纹时，用户必须将手指与指纹采集头直接接触。

（5）接触是读取人体生物特征最可靠的方法。

（6）指纹采集头可以更加小型化，并且价格会更低。

2）缺点

（1）某些人或某些群体的指纹特征少，难以成像。

（2）实际上指纹识别技术可以不存储任何含有指纹图像的数据，而只是存储从指纹中得到的加密的指纹特征数据。

（3）每一次使用指纹时都会在指纹采集头上留下用户的指纹印痕，而这些指纹印痕存在被用来复制指纹的可能性。

（4）指纹是用户的重要个人信息，在某些应用场合下，会造成个人信息泄露。

5. 应用领域

1）门禁技术

将指纹提前录入数据库中，在对使用者进行指纹认定时，首先提取使用者的指纹，门禁系统进行指纹识别过程处理，得到分类信息，进行比对验证，符合数据库中的指纹信息则系统执行开门操作。例如，学生使用门禁卡开门，存在容易丢卡和携带不便的问题，而使用指纹识别能解决很多问题。

2）银行取款

如今在银行自助取钱时，只进行密码验证容易被不法分子识别，所以在部分地区已经开始施行使用银行卡与指纹信息匹配，取钱验证密码和银行卡的同时要比对指纹信息。

3）指纹支付

指纹支付通过绑定指纹与银行卡，完成消费支付行为。

4）汽车指纹防盗

通过指纹控制车门开关，或者控制引擎点火是指纹技术在汽车指纹防盗方面的典型应用。

5）指纹 UKEY

指纹 UKEY 是网上银行业务用于身份验证的终端，它比目前的账号密码验证方式以及普通 UKEY 的验证更加安全。

6）指纹考勤

指纹考勤可以帮助企业、高校等提高人事化管理及相关人员的考勤工作效率，实现人事化管理工作的自动化、规范化及系统化。

7）指纹鉴定

指纹鉴定是用于司法部门有效的身份鉴定手段，能有效进行罪犯及嫌疑人身份的识别。

6. 不足

指纹识别技术的应用仍存在一些问题，鉴于亲属之间指纹存在相似性，算法的精度不高容易导致识别错误，而且在接触东西时遗留的指纹信息容易被他人应用，安全性不高，这就要求在模式识别过程中提升算法的精度，并且结合除指纹外的其他信息。

3.4 常见二维码

1. OR 码

QR 码是二维码的一种，QR 来自英文"Quick Response"的缩写，即快速反应的意思，源自发明者希望 QR 码可让其内容快速被解码。QR 码比普通条码可存储更多资料，也无须像普通条码般在扫描时需直线对准扫描器。

1）编码字符集

（1）数字型数据（数字 0～9）；

（2）字母数字型数据（数字 0～9；大写字母 A～Z；9 个其他字符：space，$，%，*，+，−，.，/,:）；

（3）3、8 位字节型数据；

（4）日本汉字字符；

（5）中国汉字字符（GB 2312 对应的汉字和非汉字字符）。

2）基本特性

（1）QR 码分为 40 种不同版本，从 21 像素×21 像素的版本 1 到 177 像素×177 像素的版本 40。

（2）数据类型：对图片、声音、文字、签字、指纹等可以数字化的信息进行编码，用条码表示出来。

（3）数字数据：7089 个字符。

（4）字母数据：4296 个字符。

（5）8 位字节数据：2953 个字符。

（6）中国汉字、日本汉字数据：1817 个字符。

（7）数据表示方法：深色模块表示二进制"1"，浅色模块表示二进制"0"。

2. 汉信码

汉信码是我国自主研发的一种二维码。

特点：汉字编码能力超强、极强抗污损、识读速度快、信息密度高、信息容量大、纠错能力强、支持加密技术、图形美观。

3. PDF417

PDF417 二维码是一种堆叠式二维码，应用最为广泛。PDF417 条码是由美国 SYMBOL 公司发明的，PDF（Portable Data File）意思是"便携数据文件"。组成条码的每一个条码字符由 4 个条和 4 个空共 17 个模块构成，故称为 PDF417 条码。PDF417 条码需要有 417 解码功能的条码阅读器才能识别。PDF417 条码最大的优势在于其庞大的数据容量和极强的纠错能力。

特点：信息容量大、纠错能力强、印制要求不高、可用于多种阅读设备、尺寸可调以适应不同的打印空间。

4. Datamatrix

Datamatrix 是二维码的一个成员，于 1989 年由美国国际资料公司发明，广泛用于商品的防伪、统筹标识。

特点：密度高，尺寸小，信息量大。

3.5 人脸识别技术

在智慧图书馆系统中采用人脸识别技术借书，将生物特征识别技术与图书馆服务结合，解决读者易丢失借书证问题。读者在第一次借书时只需要通过自助借书系统进行人脸识别，绑定个人信息，之后即可刷脸借还图书以及查询图书信息。

人脸识别软件就是使用多种测量方法和技术来扫描人脸，例如，利用热成像、3D人脸地图、独特特征（也称为地标）分类等分析面部特征的几何比例，关键面部特征之间的映射距离、皮肤表面纹理。人脸识别技术属于生物统计学的范畴，即生物数据的测量技术。生物识别技术的其他例子包括指纹扫描和眼睛/虹膜扫描系统。

现如今，人脸识别技术主要集中在二维图像方面，二维人脸识别主要利用分布在人脸上从低到高80个节点或标点，通过测量眼睛、颧骨、下巴等的间距来进行身份认证。在这里，节点是用来测量一个人面部变量的端点，如鼻子的长度或宽度、眼窝的深度和颧骨的形状。人脸识别技术的工作原理是捕捉个人面部数字图像上节点的数据，并将结果数据存储为面纹，该面纹作为从图像或视频中捕捉的人脸数据的比对基础。

 项目实施

任务 3.1　方案设计

【任务规划】

本任务为系统总体方案设计，包含对智慧图书馆系统的需求分析和网络架构设计两大部分。通过完成本任务，让读者对智慧图书馆系统有一个整体认识，并养成良好的方案设计习惯。

【任务目标】

（1）熟悉智慧图书馆系统的市场环境；
（2）掌握网络架构设计的方法。

【任务实施】

3.1　需求分析

1. 功能需求分析

功能1：高校总分馆体系功能需求分析，打造多层级分馆建设体系，实现权限下放，馆际数据互联互通，多馆图书资源共享，促进图书馆全面协调可持续发展，打造多层级互联互通图书馆体系，实现一证通。

功能2：校园馆际通，通借通还功能需求分析，学校师生可在学校内任一图书馆或通过微信读者服务等线上系统进行图书借阅，后续可自由选择就近图书馆及自助阅览室归还，实现馆际数据互联互通、校园图书通借通还。

功能3：图书阅读场景化设计功能需求分析，依据校园学生阅读轨迹，贴合校园师生阅读场景，提供线下多样化馆内外自助服务，在线借阅简单便捷，并在学校图书馆、公共活动区、学生公寓区等地方分别部署相应的智能化图书设备，极大地提高师生阅读的便利性。

功能4：师生自助借阅功能需求分析，按学校人流密集度，在校园公共活动区部署预约取书柜、自助借还书机等设备，学生可通过微信预约借书，借书还书时选择就近点即可，为学生打造更便捷的图书自助借还方式。

2. 性能需求分析

（1）数据管理。

（2）界面需求。

（3）故障处理。

3. 功能举例

（1）设计不同用户的操作权限和登录方法。

（2）对所有用户开放图书查询功能。

（3）读者维护个人部分信息。

（4）读者查看个人借阅信息。

（5）读者维护个人密码。

（6）管理员根据借阅情况对数据库进行操作并生成报表。

（7）管理员根据还书情况对数据库进行操作并生成报表。

（8）管理员查询及统计各种信息。

（9）管理员维护图书信息。

（10）维护工作人员和管理员信息。

智慧图书馆系统功能图如图 3-1 所示。

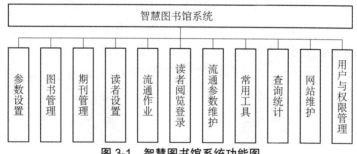

图 3-1　智慧图书馆系统功能图

3.2　网络架构设计

1. 概述

智慧图书馆系统的网络架构主要分为感知层、网络层和应用层三层。

1）感知层

感知层主要通过传感器、二维码标签、RFID 设备等感知终端，对实体进行感知并采集信息。例如，智慧图书馆系统通过传感器对室内进行温度、光线、烟雾浓度、湿度等感知。馆内可以根据气候的变化自动调节室内的温度使其始终保持在最适宜温度。光感应可以自动调节室内的亮度，在阴雨天气通过调节能够使室内亮度适合大家学习，减少对眼睛的伤害。当室内烟雾达到一定浓度时，传感器感应信息，启动报警。感应器和监测器相连，受监测系统控制。感知层能够完成对图书、读者、书架等设备和建筑物的自动感知。

2）网络层

网络层主要由互联网、网络管理系统和云计算平台等组成，它是智慧图书馆系统的神经中枢，负责对感知层获取的信息进行处理并传输给应用层。网络层的关键是网络协议，如图书馆的书架上有特定的 RFID 阅读器，放在书架上的书有电子标签，RFID 阅读器和电子标签可按某种特定的通信协议互通信息。智能书架能将每一本书的详细信息"读"出来，当有读者借走图书时，智能书架能将借走的图书情况记录下来并反馈到智慧图书馆系统，某种图书本数少于设定的值时，智能书架会提醒馆员及时补充，同时智能书架会对总体的图书借阅情况进行分析，将分析结果及时反馈给系统。

3）应用层

应用层包含智慧图书馆系统的实际应用。智慧图书馆系统的智能借还系统极大地提高了借还书的效率。读者选好图书后只需要刷卡即可，系统能自动地记录图书的信息及读者的信息。当读者归还图书时，系统会自动检查图书：如果图书完好，就进入正常还书流程；如果图书被损坏，该系统会显示图书损坏的程度，并给出赔偿的方案；当某本图书超过了还书的期限，该系统会自动做出提醒。智慧图书馆系统的智能图书定位系统能够在读者输入要查询的图书时，为读者呈现准确的立体导航图，使读者能够快速了解到该图书所在的库位和架位。同时，通过实体图书馆与数字图书馆对接系统，读者能够通过智能终端进一步了解该图书的详细信息，如图书的阅读评论和电子图书等，智能图书点检系统能够自动实现图书的查找、盘点、顺架、导架等功能，同时可向图书馆管理员提供图书借阅率等资料，以便图书馆管理员随时补充图书，提高了图书馆管理员的工作效率。

2. 智慧图书馆系统总网络架构

智慧图书馆系统总网络架构图部分 1、部分 2 分别如图 3-2、图 3-3 所示。

3. 智慧图书馆系统协议（与第三方业务系统对接）

RFID 系统是图书馆的组成部分，是依附于业务系统而存在的新一代智能型标签管理系统，因此，该系统必须要同图书馆的业务系统进行对接，以交换数据。

下面介绍两种用于智慧图书馆系统的协议。

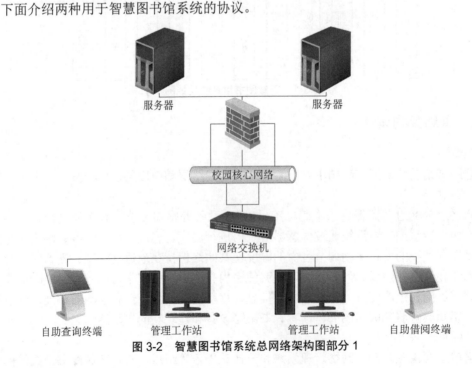

图 3-2　智慧图书馆系统总网络架构图部分 1

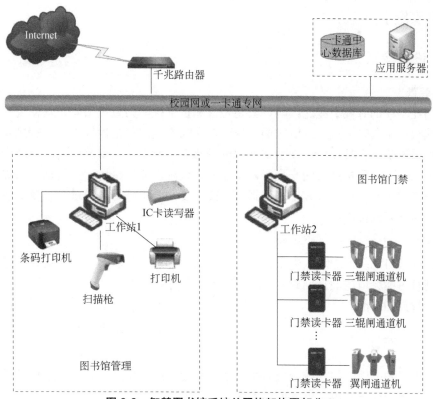

图 3-3　智慧图书馆系统总网络架构图部分 2

1）SIP2

最初开发此协议是为了在自动流通系统和自助借还系统之间建立一个接口。随着自动流通系统在图书馆的广泛应用，建立一个标准协议非常必要。

2）NCIP

NISO Circulation Interchange Protocol，即 Z39.83 协议，是由美国国家信息标准组织（NISO）制定的有关馆际互借的一种新协议，这一协议于 2002 年 7 月份正式推出。

任务 3.2　硬件安装

【任务规划】

本任务为智慧图书馆系统的硬件安装，包含设备的检测、安装、接线和参数配置；让读者学会自助借还书机、移动盘点车（包括移动还书箱、移动点检车两部分）、馆员工作站和安全门等设备的安装及配置，并熟悉综合布线的相关规范。

【任务目标】

（1）熟悉综合布线的相关规范；

（2）能够安装并使用自助借还书机、移动盘点车、馆员工作站和安全门等；

（3）能够配置智慧图书馆系统中各设备的相关参数。

【任务实施】

3.1 设备检测

1. 抗震性

安全门在晃动的时候不能连续响,其稳定性和抗干扰能力直接影响正常使用。有些企业和用户在购买安全门时未注意到这方面,导致购买的安全门稳定性很差,一有风吹草动就误报不断,严重影响了正常使用。基于安全门磁场感应的原理,当安全门的磁场产生震动时,容易引起误报。一台质量过关的安全门,在无人通过时,即使磁场产生震动(如强风吹动或者拍击门板使门晃动)也不应该出现误报。当磁场震动时正好有人通过,也要保证迅速恢复正常,而不能一直误报不停。

2. 有效性

安全门具备自动统计通过人数及报警次数的功能。如果显示的人数和实际所通过的人数不符合,则有可能会造成漏报问题,这就意味着安检存在漏洞,一个好的安检门应该具备精准有效统计数据的功能。

3.2 综合布线

根据需求,图书馆布线系统分成五个模块进行设计:工作区子系统、水平子系统、垂直干线子系统、管理区子系统、设备间子系统。

具体布线要求同项目二。

3.3 设备安装

1. 安装自助借还书机

自助借还书机,主要配件包括主机、摄像头、显示屏、底座、灯光、二维码扫描仪卡片识别区等。

一般情况下,自助借还书机出厂已组装好上述配件,只需接通电源及网络,配置相关网络设置,开机检测主要配件工作情况即可。

2. 安装移动盘点车

移动盘点车,主要配件包括屏幕、显示屏、车轮、工作台、支架等。

一般情况下,移动盘点车出厂已组装好上述配件,只需接通电源及网络,配置相关网络设置,开机检测主要配件工作情况即可。

3. 安装馆员工作站

馆员工作站由 PC、标签转换系统、一卡通读写器、条码阅读器组成。

先安装好 PC 及显示屏等,接入电源及网络,然后将一卡通读写器和条码阅读器硬件 USB 线缆接入 PC 的 USB 接口,Windows 7 以上系统会自动安装驱动,双击桌面标签转换系统图标,馆员工作站开始工作。

馆员工作站的主要功能包括读者管理、办证管理、读者权限修改、标签转换、标签检验、典藏管理、借还书管理等。

4. 安装安全门

（1）将连接钣金置于底座底部，用 M8×L16 内六角螺钉锁紧底座与连接钣金；

（2）将安全门放于底座之上，主门的设备箱门和副门的设备箱门全部朝向同一方向（可不打开设备箱盖，看安全门上的天线，亚克力玻璃上的双天线全部朝向同一侧，禁止朝向不一致），同时保证主门的设备箱门朝向通道内侧，用 M8×L30 内六角螺钉锁紧安全门和底座；

（3）打开安全门电源设备箱一侧面盖（可看到计数器的一侧），逆时针拧开面盖上的 4 个螺钉；

（4）先根据底座尺寸及底座螺钉孔位置定位好打孔位置，并打 7mm 的孔，再将膨胀螺钉打入 55mm 深处，将设备底座的螺钉孔套在露出地面的螺钉上，最后旋上螺母；

（5）打开安全门电源一侧面盖，连接好电源线、同轴线，线从连接钣金的线槽中穿过，线槽有粘式配线固定座，可用扎带捆扎住电线并牢靠固定；

（6）连接及整理好线材后，盖上设备箱面盖，顺时针拧紧面盖上的 4 个螺钉；

（7）盖上底座盖板，盖板两侧有手拿位，便于安放；

（8）底座孔位安装，即安装配套的 12 个 M8×100 的膨胀螺钉。

任务 3.3　软件部署

【任务规划】

本任务为系统软件的部署，包含系统软件的安装、配置和测试，通过完成本任务，让读者学会 EC-Card、统一权限认证系统、制卡中心和消费系统的安装、配置及使用，并熟悉软件调试的相关步骤及方法。

【任务目标】

（1）熟悉智慧图书馆系统所需的软件环境；

（2）能够安装并配置 EC-Card、统一权限认证系统、制卡中心和消费系统；

（3）能够调试智慧图书馆系统相关软件。

【任务实施】

3.1　借还书流程及图书分类

1. 自助借还书

（1）借书：认识自助借还书机，在系统主界面单击"借书"按钮。

系统提示请登录，然后将一卡通放在 IC 卡扫描区，刷卡后显示个人卡号信息，输入密码后，首先选择要借的图书数量，然后将图书正确地放置在"图书放置区"，核对书目信息无误后，单击"确认"按钮，单击右下角的"Enter"按钮，进行借书，完成后单击"结束"按钮。

（2）还书：在系统主界面选择"还书"按钮，将图书放置在"图书放置区"，确认书目信息无误，单击"确认"按钮，显示成功后单击"结束"按钮退出，最后将图书放入还书箱。

（3）查询/续借：在系统主界面选择"查询/续借"按钮。系统提示请登录，然后将一卡通放在 IC 卡扫描区，输入密码，显示个人借书信息，最后单击"结束"按钮退出。

自助借还书机采用多种识别技术，如条形码、RFID 标签、第二代身份证等，满足用户业务拓展或变更的需要。用户可以根据自己的实际使用情况，配置设备功能。

2. 图书馆防盗

（1）将图书防盗专用耗材——磁条粘贴在图书夹缝中，隐蔽性要良好。

（2）在图书馆的借阅通道或总出入口处安装图书防盗天线。

（3）正常办理借阅手续的图书经过专用消磁设备使磁条失效或从防盗天线侧面递送过去，借阅完成。

（4）未经办理正常借阅手续的图书（附着磁条的图书）经过出口时，图书防盗天线检测未消磁并发出声光警报，读者需补办借阅手续。

3. 图书分类和编码

1）图书分类

根据《中国图书分类法》（简称《中图法》第五版），将图书分为马列主义、毛泽东思想，哲学，社会科学，自然科学，综合性图书 5 大部类，22 个基本大类，罗马数字Ⅰ、Ⅱ、Ⅲ、Ⅳ、Ⅴ代表第一到第五类，大写英文字母 A、B、C、D……X、Y、Z 代表每个大类的一小类，后面加"\"，01、02、03……99，代表每个小类的其中一本书，冒号"："后面的 01、02、03……代表这本书一共多少本。例如：

IA\01:01　　　代表Ⅰ大类 A 小类的第一本书，这本书的第 01 本图书。

2）图书编码

（1）方法：分类整理工作完毕后，根据编号办法，把编号写在标签上，一式两份。粘贴在相应位置。

（2）位置：书脊下方和图书翻开后第一页各贴一个。

（3）将图书对应的编号输入系统中。

（4）统计完毕，保存数据，方便管理查询。

3.2　智慧图书馆系统软件部署

1. EC-Card 安装

第一步：安装。

运行软件安装包，按照 EC-Card1.4 安装部署说明文档进行配置。

第二步：登录。

配置成功后打开 Web 管理平台地址（如 http://192.168.0.141:8054/Login.aspx，修改为本地 IP 地址及部署 Web 管理平台的端口，进入 Web 管理平台），进入登录页面（首次运行系统有 10 天试用期，如果要正式使用请联系公司相关人员）。输入用户名 admin、密码 000000、验证码，单击"登录"按钮。首次登录会弹出工作站注册信息提示，单击"发送申请"按钮，再次登录即可进入系统。

第三步：添加管理员。

在 Web 管理平台单击"用户管理"选项，单击"新增"按钮，输入一个 EC-Card 系统的管理员账户，单击"确定"按钮。

2. 统一权限认证系统

第一步：登录。

在 Web 管理平台单击"权限管理系统"选项，进入"统一权限认证系统"登录界面，输入用户名 admin、密码 000000、验证码，单击"登录"按钮，进入"统一权限认证系统"界面。

第二步：添加角色。

在"统一权限认证系统"的"基础信息"节点下，单击"角色管理"选项，为系统添加一个角色（管理员账户），单击"新增"按钮，输入角色信息后，单击"提交"按钮，如图 3-4 所示。

图 3-4　角色管理

第三步：角色授权。

在"统一权限认证系统"的"基础信息"节点下，单击"用户信息"选项，选择已添加的管理员账户，单击"用户授权"按钮，弹出"用户权限"对话框，设置好"用户角色""管理部门""管理商户""可否授权""可授权系统"等信息，其中，在"可授权系统"右侧下拉框中选择需要授权的应用系统，如"制卡管理系统"等，单击"提交"按钮，如图 3-5 所示。

使用已添加的管理员账号（输入用户编号：GLY0001，默认密码：000000）进入"EC-Card 综合管理平台"，在"系统选择"下拉框中选择"中心管理平台"选项，在"商户中心"列表中单击"商户信息管理"复选框，进入"商户信息管理"界面，单击"新增"按钮添加商户，填写商户相关信息（添加商户是为各个设备分配不同的商户，交易后的记录方可根据各个商户进行统计）。添加商户如图 3-6 所示。

图 3-5　角色授权

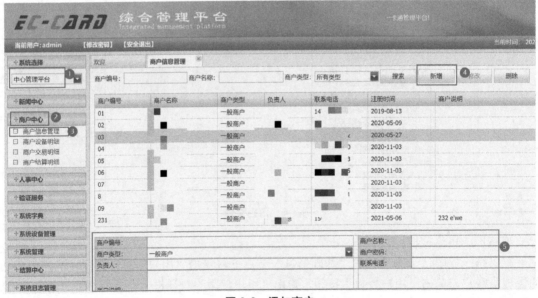

图 3-6　添加商户

第四步：管理平台新增人员。

在"EC-Card 综合管理平台"的"系统选择"下拉框中选择"中心管理平台"选项，在"人事中心"列表中单击"用户管理"复选框，进入"用户管理"界面，根据需要添加职务信息，如图 3-7 所示。

在"用户管理"界面中单击"新增"按钮，填写新增人员的详细信息，输入用户编号（必须由 6～20 位数字及字母组成）、用户姓名、性别、所属部门、职务、证件类型、证件号（必填）、联系地址、联系电话、人员状态、备注说明等，上传照片单击"保存"按钮后提示保存成功，人员添加成功。新增人员界面如图 3-8 所示。

图 3-7 EC-Card 综合管理平台

图 3-8 新增人员

第五步：人员批量导入。

单击"用户管理"界面中的"人员导入"按钮，弹出人员导入界面，通过下载模板导入添加人员信息，需要按照模板填写人员信息。通过浏览找到填写好的模板文件后，直接导入数据即可。

3. 运行制卡中心

第一步：登录。

登录"易云一卡通制卡中心"（简称：制卡中心），在登录界面输入创建的 EC-Card 管理员的人员编号和密码（默认密码：000000），单击"登录"按钮。首次登录时，系统提升"你的电脑尚未注册工作站，无法登录系统"，单击"确定"按钮后，弹出工作站注册信息框，输入本机 IP 地址，发送注册信息给平台；进入 Web 管理平台的"工作站管理"界面，将易云一卡通"制卡中心节点"的"工作站状态"修改为"允许登录"，弹出确认显示时间与系统时间是否一致的提示，单击"确认"按钮，进入制卡中心，如图 3-9 所示。

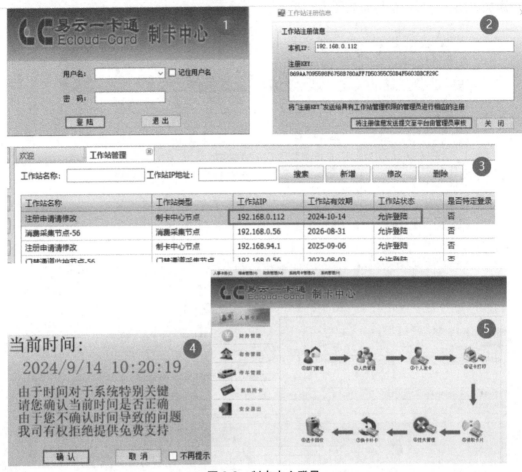

图 3-9　制卡中心登录

第二步：发卡。

进入"易云一卡通制卡中心"后，依次单击"系统用卡""系统卡管理"按钮，发系统卡，按照提示信息填写发系统卡信息。将系统卡放置于读卡器上，单击"发系统卡"按钮即可。系统密码：自己设置 8 位纯数字；扇区自己选定（不要选取 5 洗衣机扇区、12 联网门锁扇区），读头标志参数无特殊要求，默认即可，如图 3-10 所示。

发卡成功后，会在制卡中心 CardCenter 根目录下自动生成 cardsysV7.dat 文件，重新启用系统，系统授权信息生效。系统卡发卡完成，登录系统后，可以进行正常的一卡通使用操作。

注意：在正常发卡操作之前需将 card.dat 文件或 ccard.dat 文件（卡片加密文件）放置于 CardCenter 根目录下。

第三步：人员发卡。

在"易云一卡通制卡中心"添加人员：在"人事卡务"选项卡中，单击"人员管理"，弹出"人员信息管理"界面，单击"添加"按钮，出现"添加人员"界面，输入添加人员的信息，单击"保存"按钮，提示"添加人员到一卡通系统成功"，如图 3-11 所示。

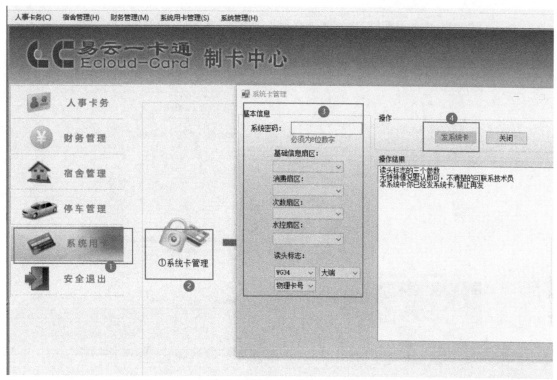

图 3-10　发卡

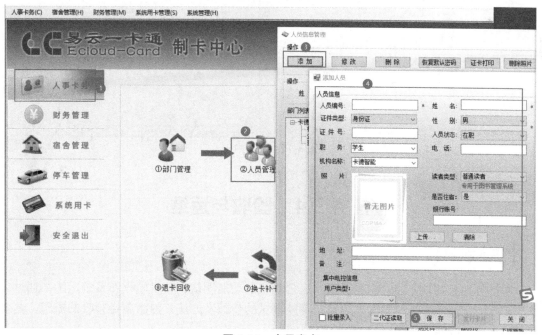

图 3-11　人员发卡

发用户卡：在"人事卡务"选项卡中，单击"个人发卡"，选择需要发卡的人员，单击"发卡"按钮，在出现的"人员发卡"界面中，选择相关的信息，单击"发卡"按钮，界面提示发卡成功，如图 3-12 所示。

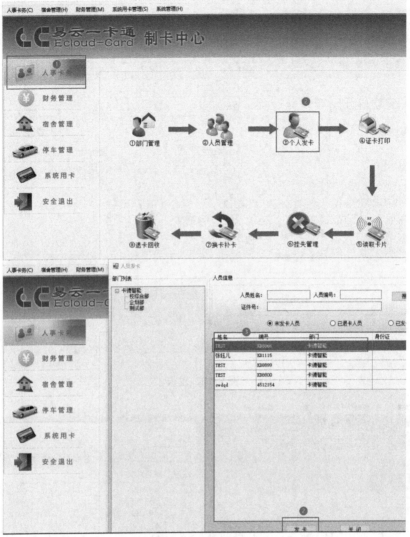

图 3-12　发用户卡

任务 3.4　验收与运维

【任务规划】

本任务为系统软件的验收与运维，包含系统的功能测试、项目验收和系统运维，通过完成本任务，让读者学会智慧图书馆系统功能测试的步骤及方法，熟悉项目验收的流程，具备基本的系统运维能力。

【任务目标】

（1）熟悉智慧图书馆系统业务运行流程；

（2）能够对系统的功能进行测试；

（3）能够完成项目验收；

（4）初步具备系统运维能力。

【任务实施】

3.1 系统功能测试

1. 测试目标

系统功能测试目标是验证软件的功能、性能及其他特性是否与用户的要求一致。

（1）系统界面操作无明显异常，符合业务需求规定。

（2）根据需求规格说明书、总体设计文档、详细设计文档实现整体功能测试。

（3）系统主要流程无异常，符合需求。

（4）根据需求进行性能测试，稳定性、健全性及安全测试。

（5）所有测试用例 100%执行。

（6）所有缺陷处于 Closed（关闭）、Rejected（被拒绝）（被拒绝是不需要修改的）状态。

（7）缺陷修改要求：High 级缺陷修复率应达到 100%；Medium 级缺陷修复率应达到 95%以上；Low 级缺陷修复率应达到 60%以上。

2. 测试策略

测试策略是指在一定的软件测试标准、测试规范的指导下，依据测试项目的特定环境约束而规定的软件测试的原则、方式、方法。不同的测试阶段，测试策略也应该不同；测试人员能力的不同，所采用的测试策略也会不同；测试技术的成熟度和应用程度，也会导致不同的测试策略；项目资源、开发进度和时间等因素，也会影响测试策略。

3. 系统管理

测试经理：负责与项目经理沟通，进行测试的整体策划、制订测试计划、组织测试实施、分析测试结果，控制测试进度和 Bug 清除率。

测试员：负责检查测试环境、测试版本，编写并执行测试大纲、测试用例，报告缺陷，验证修改结果，进行测试数据统计，提交测试报告。

项目经理：负责与测试经理沟通，参与测试的整体策划、提供测试依据等相关材料；介绍系统功能，负责测试组与开发组间协调。程序员应按时部署测试环境、数据，提交可测试的软件版本，协助测试员编写用例，及时修改缺陷、填写修改记录。

工程师：对测试过程、测试结果进行规范性检查。

项目负责人：评价测试结果。

4. 系统测试

系统测试仅针对关键系统。

1）图书馆管理信息系统

图书馆管理信息系统采集和存储与图书馆管理有关的数据，向用户提供图书馆计划、组织、领导与协调等功能，或者辅助管理人员进行管理和决策。

图书馆管理信息系统由许多子系统组成，各子系统均有不同的功能，如计划子系统、财务子系统、人事子系统、后勤子系统等。按系统的功能，图书馆管理信息系统可分为单功能系统和集成系统。单功能系统只具有单一的功能，如工资管理系统、人事管理系统等。集成系统是将多种功能结合在一个系统之中，各子系统综合为一体，系统结构比较复杂。

2）图书馆自动分拣系统

图书在传送带上运行，传感器扫描图书的条码传给上位机，上位机获取其相关分类信息后，给相应的驱动器 I/O 口发送信号，驱动器接收到信号后执行内部的 PLC 程序，在图书到达其作用区域时驱动执行机构将图书推到书筐里，从而完成对各种图书的分类。

3）图书采访管理系统

任意格式预订书目数据的批量导入、批量查重，能将新书目录实时公布在图书馆网站上进行网络征订，以供读者对新书目录进行投票，管理人员可根据投票情况进行采购，系统应能对选书情况进行直观、方便地统计。

读者能通过 Web 平台上传新书推荐数据并参与同期征订书目的网络投票，能从当当网等购书网站上直接提交荐购数据。

支持发行商提供的各种新书目录格式，如 Excel 等，可以通过 Marc（机器可读目录）的转换功能对新书目录数据进行转换。

5. 测试记录

在用户测试过程中，使用"用户测试问题跟踪表"记录用户问题，再由测试人员将问题记录到 bugfree（Bug 管理系统）中，开发人员修改完毕后，由测试人员验证通过后，再记录到"用户测试问题跟踪表"中，由用户测试验证。问题的解决方案、修改记录、验证记录、统计测试结果可用 bugfree 进行统计。用户测试时，开发人员对于用户发现的问题进行分析、解决。

3.2 项目验收

项目验收流程同项目一。

3.3 系统运维

（1）了解并熟悉系统维护的概念；

（2）能对智慧图书馆系统的启动有非常清晰的认识，具备启动智慧图书馆系统必要服务的知识技能；

（3）了解并学习智慧图书馆常见问题及解决方式，形成完成的问题处理知识库。

🌐 项目拓展

一、选择题

1. 二维码目前不能表示的数据类型是（　　　）。

A. 文字　　　　　　　　B. 数字　　　　　　　C. 二进制　　　　　　D. 视频

2. QRCode 是由（　　　）于 1994 年 9 月研制的一种矩阵式二维码。

A. 日本　　　　　　　　B. 中国　　　　　　　C. 美国　　　　　　　D. 欧洲

3. 智慧图书馆是应用（　　　）和各种信息技术，集成图书馆的资源、服务和管理，以用户和馆员为核心，实现人、资源、空间等之间互联感知的新一代图书馆。

A. 人工智能技术　　　B. 网络通信技术　　　C. RFID 技术　　　　D. 电子标签技术

4. 以下（　　　）是欧洲的布线标准。

A. GB/T 50311-2000

B. ISO/IEC11801

C. EN50173

D. TIA/EIA568B

5. 在以下传输介质中，带宽最宽、抗干扰能力最强的是（　　　）。

A. 双绞线 B. 无线信道 C. 同轴电缆 D. 光纤

二、填空题

1. 智慧图书馆是指把智能技术运用到图书馆建设中而形成的一种智能化建筑，是（　　　）与高度自动化管理的（　　　）的有机结合和创新。

2. 二维码可以分为堆叠式/行排式二维码和（　　　）二维码。

3. RFID 电子标签可分为有源标签、（　　　）和半有源半无源标签。

4. （　　　）是图书馆实现其核心定位最根本、最有效的途径。

5. 图像预处理主要包括图像分割、（　　　）、二值化和（　　　）4 部分。

三、判断题

1. 智慧图书馆是未来新型图书馆的发展模式。（　　　）

2. 图书馆防盗系统现在还是孤立的防盗系统，图书归还和上架之前要经过上磁处理，图书借出时则要进行消磁处理，工作量较大，直接影响了图书流通以及图书管理的工作效率。（　　　）

3. 在图书中贴上电子标签，可方便地接收图书信息，整理图书时不用移动图书，可提高工作效率，避免工作误差。（　　　）

4. 知识的共享性是智慧图书馆的重要特征之一。（　　　）

5. 智慧图书馆系统的架构采用 C/S（客户机/服务器）结构。（　　　）

四、简答题

1. 简述智慧图书馆未来的三大特点。

2. 简述智慧图书馆系统的项目意义。

五、综合题

1. 智慧图书馆系统在生活中越来越常见，用户的需求也在不断增加，简要画出用户的需求分析图。

2. 智慧图书馆系统建设的 5 大要素。

项目四

智慧宿舍工程项目实践

 项目导入

随着高校机构改革的不断深化，各大高校不断扩大招生的形势下，宿舍管理工作变得繁重琐碎，并且学生对宿舍管理的要求也在不断提高。现阶段采用传统人工管理模式不但效率低而且无法满足实际需求，智慧校园宿舍管理系统是一个基于互联网、物联网、移动互联网的应用，运用射频识别技术、无线通信技术、网络通信技术开发的学生与学校之间无缝连接的全新宿舍系统管理平台。智慧校园宿舍管理系统的智慧校园服务感知系统，包括环境感知、设备感知、状态位置、情境感知、身份感知等功能模块，真正实现了校园信息的智能化、便捷化。

项目目标

1. 任务目标

根据所学的内容，完成智慧校园宿舍管理系统的方案设计；硬件设备的安装、调试；软件环境的安装部署和测试；并完成系统验收。

2. 能力目标

（1）能够根据功能需求分析绘制图纸，根据性能需求分析设计表格；

（2）能够独立进行网络架构分析和绘制网络拓扑图；

（3）能够理解并认识智慧宿舍设备；

（4）掌握智能电表、智能传水表、水控设备工作、无线联网门锁工作原理；

（5）掌握智慧宿舍各设备不同模块的整合应用模型，能进行综合布线规划；

（6）能够熟练操作系统，准确排除故障，并能够对系统运行进行维护或升级；

（7）在工程项目实施过程中，具备"6S"管理意识；

（8）具备沟通、协调和组织能力，能够以团队合作方式开展工作。

3. 知识目标

（1）了解智慧宿舍的定义；

（2）了解智慧校园宿舍管理系统及应用场景；

（3）熟悉智慧校园宿舍管理系统的整体结构；

（4）了解 RFID 技术、NFC 技术、无线通信技术、通信协议的分类、特点及应用场景；

（5）熟悉网络架构的功能特点。

4. 任务清单

本项目的任务清单如表 4-1 所示。

表 4-1　　任务清单

序　号	任　务
任务 4.1	方案设计
任务 4.2	实施与部署
任务 4.3	验收与运维

 项目相关知识

4.1　政策背景

《国家中长期教育改革和发展规划纲要（2010—2020 年）》中提出：构建国家教育管理信息系统。制定学校基础信息管理要求，加快学校管理信息化进程，促进学校管理标准化、规范化。推进政府教育管理信息化，积累基础资料，掌握总体状况，加强动态监测，提高管理效率。整合各级各类教育管理资源，搭建国家教育管理公共服务平台，为宏观决策提供科学依据，为公众提供公共教育信息，不断提高教育管理现代化水平。

《中国教育现代化 2035》中提出：加快信息化时代教育变革。建设智能化校园，统筹建设一体化智能化教学、管理与服务平台。

根据《国家中长期教育改革和发展规划纲要（2010—2020 年）》及《中国教育现代化 2035》，智慧校园宿舍管理系统从宿舍管理、党建思政、安全保障、先进技术几方面着手设计。

（1）宿舍管理：建立学生住宿管理委员会并制定相应管理办法，对于学生宿舍的管理，物业管理和学生管理要职责明确。

（2）党建思政：学生的思想教育与日常行为管理主要由高校学生教育管理部门负责，物业管理部门有责任为高校开展教育和管理工作提供必要条件。

（3）安全保障：加强安全保卫制度建设，针对学生宿舍的住宿、用电、用水、饮食、防火防盗等方面工作，制定完善的安全制度。

（4）先进技术：学生宿舍内要设立火灾预警监视系统、恶性用电识别装置等，通过技术防范设施，防止火灾发生，要加强学生宿舍安全保卫工作人员的技术配备和条件保障，每年都应安排专项经费，用于安全保卫设施和装备的添置和更新。

4.2　关键产品选型

1. 智能门锁

电源续航：智能门锁的电源通常依赖于锂电池或干电池。华为智能门锁配备 8800mAh 锂电池和 4 节 5 号干电池作为智能备份，续航可达 4～6 个月。

开锁方式：智能门锁支持多种开锁方式，包括指纹识别、密码、临时密码、手机开锁、手表开锁以及 NFC 卡开锁等。

安全性能：智能门锁具备高安全性能，如 C 级锁芯、人脸 AI 3D 防伪、虚位密码、双重验证开锁、各类安全告警（如防撬告警、错误试开告警、门未关告警等）。

连接功能：多数智能门锁提供 Wi-Fi 或蓝牙连接功能，使门锁可以接入互联网并通过智能手机 App 进行远程控制。

适用门型：智能门锁适用于多种标准门型，包括防盗门、木门等，并通常支持向左、右、内、外开门方向。门厚度适用范围也较大。

2. 自助转账补值终端

自助转账补值终端包括转账与补助功能，市面有单一功能的设备。

转账机可存储 4 万条交易记录，存储时间可达 10 年以上。本项目设备采用 Flash 存储数据，能有效防止干扰和掉电影响，可有效恢复计算机硬盘遭毁灭性破坏后的重要数据。

补贴发放方式灵活多变：可实现按不同卡类（支持 32 种卡）、不同部门（部门级数无限制）、不同人员来进行补贴金额的发放。

补助机各项系统参数的设置需要系统卡方可进行，且每次开机会自动与易云一卡通平台软件校时，开机后会定时接受易云一卡通平台软件的巡检，有效杜绝了因时间错误导致的补贴漏领、多领现象的发生。

在脱机使用时，本机不需借助计算机及网络，可直接对卡片进行操作，转账数据自动存储，方便无网络场合下使用。联网时，只需将网线插头插入网络扩展口，即可借助计算机及网络自动提取数据。

发卡容量：发行、挂失 100 万张。

存储容量：存储 4 万条转账、补助、补助记录；可扩展至 10 万条。

数据保存时间：10 年（Flash 保存数据，掉电不丢失）。

通信方式：TCP/IP 通信。

通信速率：10Mbit/s/100Mbit/s 自动适应，通信最高达到 108Mbit/s。

工作电压：DC12V±5%，功耗＜5W。

后备电池：7.4V/800MA。

使用环境：温度为 −20～60℃，相对湿度为 10%～90%。

外观尺寸：195mm×135mm×55mm（长×宽×高）。

质量：1000g，壁挂式安装。

3. 自助现金充值终端

自助充值补卡管理系统采用自助现金充值终端，实现用户将现金自助充值到一卡通系统中。现金充值终端采用大堂立式设计，提供 7×24 小时无人值守的自助充值服务，为持卡人提供极大的便利，同时大幅度降低了人工充值的压力和成本。

指纹读取仪：指纹识别录入。

多合一读写器：手动、电动磁卡/IC 卡读卡器。

扩展 PSAM 接口：支持 1～4 个 PSAM 卡座。

二维码充值：扫设备显示的付款码或出示付款码给设备扫码。

工作环境：温度 0～+50℃；湿度 40%～80%（相对，非减压）。

机体尺寸：1350mm×470mm×200mm（高×宽×厚）；主机箱尺寸：400mm×400mm×200mm（高×宽×厚）。

4. 智能卡节水控制器（电磁阀）

院校学生浴室及社区公共浴室智能卡淋浴系统的共同特点是洗浴者存款管理设定用水费率。洗浴者凭卡洗浴，淋浴刷卡器根据用水量或用水时间自动扣除卡上金额。用水多则花费多，单位时间收费标准将随着不同的时间段和水电成本灵活调整，以促进公共浴室及水资源的利用和管理水平的提高，并使洗浴人流畅通。

要求双层模具设计，高强度 ABS 工程塑料，环保耐用。

采用 ARM Cortex-M0 核处理器，设备稳定可靠。

学生浴室刷卡管理系统将帮助工作人员高效正确地完成监管工作，使学校建立起高水平的现代化管理的学生浴室，让学生在学习之余能得到充分的放松，享受方便快捷的服务。洗浴卡也可以与就餐、门禁等卡片实现一卡通用。

最大记录量：4000 万条。

数据保存：10 年（Flash 保存数据，掉电不丢失）。

计费精度：0.01 元。

显示：高清 LED 数码管。

工作电压：DC12V±5%，功耗＜3W。

使用环境：温度为−20～60℃，相对湿度为 10%～90%。

外形尺寸：175mm×110mm×35mm（高×宽×厚）。

重量：400g。

5. 智能卡节水控制器（热水表）

智能卡节水控制器（热水表）脱机型可启用挂失、补卡功能：启用该功能时，设备必须为锁卡模式；每台设备固定锁卡最多 32 张，用户卡被锁定后只能在该设备上使用，当用户卡丢失后立即进行挂失，挂失后将生成一张新的采集卡，并到锁定的设备上进行挂失，会采集该卡在该设备上最后一笔交易的余额，将余额移到补办新卡中；可灵活扩展温度控制，这样更加体现了人性化设计；多功能 LCM 液晶显示屏，可显示卡余额、消费额、单价、用水时间、阀门状态等信息；非接触式 IC 卡智能水表符合国家标准和行业标准要求。脱机型采用电子钱包模式，仅记录消费总额，免去核对账目的烦恼；联网型可进行记录消费明细，可挂失、补发卡。配合管理软件可查询消费记录，便于精细管理；可通过管理软件对用户卡进行每天限次、每天限额、免费用量、三阶收费等个性化设置；可选择充值机为用户卡现金充值，或选择补助机按照卡类发放补助，也可以选择转账机由用户自助从主账户向水控钱包转账。

计量误差：小流量误差≤5%，常用流量误差≤2%。

通信方式：EIA-485；通信速率：9600bit/s。

适应水温：0～100℃。

工作水压：＜1.6Mpa。

工作电压：DC12V±5%，功耗＜5W。

使用环境：温度为−20～60℃，相对湿度为 10%～90%。

外形尺寸：165mm×90mm×105mm（长×宽×高）。

重量：1200g。

发卡容量：无限制（脱机型），100 万张（联网型）。

最大记录量：4000 万条（脱机型），1 万条可扩展至 2 万条（联网型）。

数据保存：10 年（Flash 保存数据，掉电不丢失）。

计量方式：电子霍尔元件脉冲计量。

计费精度：0.01 元，0.1L。

6. 智能光电直读式远传水表

智能光电直读式远传水表是针对日常用水的实际需要，用于计量流经自来水管道的水体积总量的测量仪，也是一款便于远程抄表及控制的直读式远传水表。LXSY 型为干式结构，计数机构真空密封、读表盘齿轮不受水质影响，读数清晰。机械计量及其他性能要求满足 GB/T 778.1～3—2007 B 级标准。

智能化电子单元完全密封于计数器中，与水隔离，不受外界水及湿气侵蚀。符合 GB/T 778—2007《封闭满管道中水流量的测量 饮用冷水水表和热水水表》和 CJ/T 224—2012《电子远传水表》的技术要求。通信规则遵循 CJ/T 188—2004《户用计量仪表数据传输技术条件》或 DL/T 645—2007《多功能电能表通信协议》的要求，支持根据用户需求定制通信协议。

字轮显示计数值量程大、精度高，它采用 M-Bus/EIA-485 总线方式通信，实现水表使用水量的远程直读，有效解决管理部门上门抄表困难的问题，提高抄表效率。

7. 直饮水机

直饮水机的关键参数主要包括容量、加热方式、水温调控范围、过滤技术以及智能功能等。这些参数决定了直饮水机的实用性和便捷性，影响着用户的使用体验。以下是对这些参数的详细介绍。

（1）容量：直饮水机的容量通常指的是水箱的容积，这直接影响了设备能满足多少人的需求。例如，台式机型通常有 3～4L 的水箱，而立式机型可能具有更大的容量，适合放置在办公场所或学校等公共场所。

（2）加热方式：现代直饮水机常见的加热技术包括即热式和储水式。即热式可以在几秒钟内迅速加热，提供热水；而储水式则持续保持一定量的水在预定温度，随时可供取用。即热式因其节能性和快速响应而受到偏爱。

（3）水温调控范围：多数直饮水机提供多挡水温调节，用户可以根据需要选择常温、温水、热水等不同温度的水，满足不同的饮用需求。高端机型可能提供精确到 1℃ 的温度调节。

（4）过滤技术：直饮水机的过滤技术是其核心特性之一，常见的包括活性炭过滤、反渗透膜技术等。这些技术可以有效去除水中的杂质、氯气及重金属等有害物质，确保饮用水的安全与健康。某些机器还具备 UV 杀菌功能，进一步增强水质安全。

（5）智能功能：随着科技的发展，许多直饮水机集成了更多智能功能，如通过 Wi-Fi 连接 App 控制、语音控制支持、定量出水、自动清洁等。这些功能极大地提升了用户体验和便利性。

除上述主要特性外，购买直饮水机时还应考虑安装方式（免安装或需专业安装）、噪声级别、能效标准和维护便利性等因素。

总的来说，直饮水机的选择应基于实际饮水需求、预算以及特定偏好。在选购前，建议仔细比较不同品牌和型号的产品评价、性能指标和服务承诺，以确保找到最适合自己需求的机型。

8. 人脸识别终端

M37081-0607 R22WFC 是一款高性能、高可靠性的人脸识别产品，依托深度学习算法，具有识别速度快、准确率高的特点。支持人脸识别 1：1 和 1：N 模式，支持内置刷卡，可外接身份证阅读器。

 关键技术

4.1　NFC 技术

NFC（Near Field Communication，近距离无线传输）是由 Philips、Nokia 和 Sony 公司主推的一种类似于 RFID 的短距离无线通信技术标准。和 RFID 不同，NFC 采用了双向识别和连接技术，在 20 cm 距离内工作于 13.56MHz 频率下。

4.2　无线通信技术

1. ZigBee 技术

ZigBee 技术是一种应用于短距离和低速率下的无线通信技术，其有效通信距离为几米到几十米，属于个人区域网络（PAN：Personal Area Network）的范畴。得益于较低的通信速率及成熟的无线芯片技术，ZigBee 设备的复杂度、功耗和成本等均较低，适于嵌入到各种电子设备中，服务于无线控制和低速率数据传输等业务。

ZigBee 是 IEEE 802.15.4 技术的商业名称，其前身是"HomeRF Lite"技术。该技术的核心协议由 2000 年 12 月成立的 IEEE 802.15.4 工作组制定，高层应用、互联互通测试和市场推广由 2002 年 8 月组建的 ZigBee 联盟负责。ZigBee 联盟由英国 Invensys 公司、日本三菱电气公司、美国摩托罗拉公司以及荷兰飞利浦半导体公司等组成。该联盟已经吸引了上百家芯片公司、无线设备开发商和制造商的加入。

1）ZigBee 技术的结构

典型无线传感器网络 ZigBee 协议栈结构基于标准的开放式系统互联（OSI）七层模型，但是仅定义了那些相关实现预期市场空间功能的层。IEEE 802.15.4—2003 标准定义了两个较低层：物理层（PHY）和媒体访问控制子层（MAC）。ZigBee 联盟在此基础上建立了网络层（NWK）和应用层构架。应用层构架由应用支持子层（APS）、ZigBee 设备对象（ZDO）和制造商定义的应用对象组成。ZigBee 的传输范围介于 10～100m 之间，增加发射功率后，可增加到 1～3km。再通过路由和节点间通信接力，传输距离可以更远。

2）ZigBee 技术的应用

ZigBee 技术主要嵌入消费性电子设备、家庭和建筑物自动化设备、工业控制装置、电脑外设、医用传感器、玩具和游戏机等中，支持小范围内基于无线通信的控制和自动化，可能的应用包括家庭安全监控设备、空调遥控器、照明灯和窗帘遥控器、电视和收音机遥控器、老年人和残疾人专用的无线电话按键、无线鼠标、键盘和游戏手柄，以及工业和大楼的自动化控制等。

2. Z-wave 技术

Z-wave 是由丹麦公司 Zensys 一手主导的无线组网规格，Z-wave 联盟（Z-wave Alliance）虽然没有 ZigBee 联盟强大，但是 Z-wave 联盟的成员均是已经在智能家居领域有现行产品的

厂商，该联盟已经具有 160 多家国际知名公司，基本覆盖全球各个国家和地区。

Z-wave 是一种新兴的基于射频的低成本、低功耗、高可靠、适用于网络的短距离无线通信技术。信号的有效覆盖距离在室内是 30m，室外可超过 100m，适合于各种应用场合。随着通信距离的增大，设备的复杂度、功耗及系统成本都在增加，相比于现有的各种无线通信技术，Z-wave 技术是最低功耗和最低成本的技术，有力地推动着低速率无线个人区域网发展。

3. 蓝牙技术

蓝牙（Bluetooth）是一种支持设备短距离通信（一般 10m 内）的无线电技术，能在移动电话 PDA 等相关外设之间进行无线信息交换。利用蓝牙技术能够有效地简化移动通信终端设备之间的通信，也能够简化设备与 Internet 之间的通信，从而使数据传输变得更加迅速高效，为无线通信拓宽道路。蓝牙技术持续发展的最终形态是在已有的有线网络基础上，完成网络无线化的建构，使网络最终不再受到地域与线路的限制，从而实现真正的随身上网与资料互换。

1）蓝牙技术的工作原理

蓝牙采用分散式网络结构以及快跳频和短包技术，支持点对点及点对多点通信，工作在全球通用的 2.4 GHz 的 ISM（工业、科学、医学）频段，其数据速率为 1Mbit/s，采用时分双工传输方案实现全双工传输。蓝牙主设备最多可与一个微微网（一个采用蓝牙技术的临时计算机网络）中的 7 个设备通信，当然并不是所有设备都能够达到这一最大通信量。设备之间可通过协议转换角色，从设备也可转换为主设备。需要输入从设备的 PIN 码，一般蓝牙耳机默认为 1234 或 0000，也有设备不需要输入 PIN 码。从设备会记录主设备的信任信息，此时主设备即可向从设备发起呼叫，根据应用不同，可能是 ACL（访问控制列表）的数据链路呼叫或 SCO（同步面向连接）的语音链路呼叫，已配对的设备在下次呼叫时，不再需要重新配对。已配对的设备，作为从设备的也可以发起建链请求，但作为数据通信的蓝牙设备一般不发起呼叫。

2）蓝牙技术的实际应用

蓝牙是一种短程无线通信技术，通信距离是 10～30m，在加入额外的功率放大器后，可以扩展到 100m。可以保证较高的数据传输速率，同时降低与其他电子产品和无线电系统的干扰，此外还能保证安全性。

蓝牙技术支持 64 kbit/s 的实时语音传输和各种速率的数据传输，可单独或同时传输。语音编码采用对数 PCM（脉冲编码调制）或连续可变斜率增量调制（CVSD）。当仅传输语音时，蓝牙设备最多可同时支持 3 路全双工的语音通信，辅助的基带硬件可以支持 4 个或者更多的语音信道；当语音和数据同时传输或仅传数据时，支持 433.9 kbit/s 的对称全双工通信或 723.2 kbit/s、57.6 kbit/s 的非对称双工通信，后者特别适合于无线访问 Internet。工作在 2.4 GHz 的 ISM 频段，传输速率为 1 Mbit/s，使用扩频和快速跳频（1600 跳/秒）技术。与其他工作在相同频段的系统相比，蓝牙系统跳频更快，数据包更短，从而更加稳定，即使在噪声环境中也可以正常工作。另外，蓝牙还采用 CRC、FEC 及 ARQ 技术，以确保通信的可靠性。

4.3 通信协议介绍

1. LoRa 数据透传

LoRa 是 Semtech 公司开发的一种低功耗局域网无线标准，其名称"LoRa"是远距离无线电（Long Range Radio），它的最大特点就是在同样的功耗条件下比其他无线方式传播的距离更远，实现了低功耗和远距离的统一，它在同样的功耗下比传统的无线射频通信距离扩大3～5倍。

LoRa数据透传模块利用产品出色的远距离传输特性，搭配MCU做成LoRa模块，使用MCU封装AT命令，并保留有EIA-232/485等接口，将LoRa用于简单的数据传输应用。与4G等各种无线通信技术相互结合，做成无线通信融合模块，满足不同行业的应用需求，这是LoRa应用的一个特点。

2. NB-IoT

NB-IoT（Narrow Band Internet of Things）直接部署于GSM网络、UMTS网络或LTE网络，只消耗大约180kHz的带宽。NB-IoT网络包括NB-IoT终端、NB-IoT基站、NB-IoT分组核心网、IoT连接管理平台和行业应用服务器。NB-IoT经过以下协议来连接。

（1）CoAP协议：MCU（NB设备）—NB模块（UE）—eNode—核心网—IoT渠道—App效劳器—手机终端App。

（2）UDP协议：MCU（NB设备）—NB模块（UE）—eNode—核心网—UDP效劳器—手机终端。

CoAP是受限制的应用协议（Constrained Application Protocol）的代名词。在当前信息世界，信息交换是通过TCP和HTTP协议实现的。但是对于小型设备而言，实现TCP和HTTP协议显然是一个过分的要求。为了让小型设备可以接入互联网，CoAP协议被设计出来。CoAP是一种应用层协议，它运行于UDP协议之上而不是像HTTP协议那样运行于TCP协议之上。CoAP协议非常小巧，最小的数据包仅为4字节。在此模式下，用户的终端设备，可以通过本模块发送请求数据到指定的CoAP服务器，然后模块接收来自CoAP服务器的数据，对数据进行解析并将结果发至串口设备。用户不需要关注串口数据与网络数据包之间的数据转换过程，只需通过简单的参数设置，即可实现串口设备向CoAP服务器的数据请求。

CoAP一般用来接入一些物联网平台，目前支持华为的物联网云平台，可以将数据发送到云平台后，通过云平台提供的接口，用户自己开发应用程序。CoAP虽然支持双向数据透传，但是和传统2G网络有所不同，为节省电量，模块随时可以向服务器发送数据，但是服务器并不能在任何时候将数据发往串口，这也是NB-IoT网络所具有的特点。

MCU引脚输出TTL电平，当MCU引脚输出0电平时，一般情况下电压是0V；当MCU引脚输出1电平时，电压是5V。因TTL电平是由一条信号线，一条地线产生的，信号线上的干扰信号会跟随有效信号传送到接收端，使有效信号受到干扰。

3. EIA-485

EIA-485总线是较为常见的，因其接口简单、组网方便等特点得到广泛应用。EIA-485无线通信模块采用全数字无线加密的传输方式，通过EIA-232/485接口与PLC、DCS、组态软件、人机界面、触摸屏、智能仪表及传感器等设备组成无线测控网络。EIA-485可兼容标准MODBUS协议、PPI协议、N：N协议、Host-Link协议及自由协议，为无线测控领域提供了远距离无线通信的解决方案，既可以实现点对点通信，又适合于点对多点，分散不便于挖沟布线等应用场合。

EIA-485的通信线只有两条，且这两条通信线在一次传输中都需要用到，因此EIA-485只可实现半双工通信。EIA-485 实现半双工通信，会遇到一个问题，MCU1（微控制单元，又称单片机）向 MCU2 发送数据时，并不知道线上是否正传来 MCU2 数据，因为没有其他线可用来判断对方的收发状态，那么可能会导致数据冲突。因此，EIA-485 要实现半双工通信，就需要上层的软件协议加以限制，也就是做到"不能你想发数据就发数据"。可以将软件协议理解为交通规则，它能让数据有序传输。

将 MCU 输出的一条的 TTL 信号经过芯片转换为两根线（A、B）上的信号。当 MCU 向转换器输入低 TTL 电平时，转换器会使得 B 的电压比 A 的电压高；反之，A 的电压比 B 的电压高。EIA-485 实质是一个集成芯片，无任何程序代码，纯粹硬件逻辑。同理，将 EIA-485 电平转为 TTL 信号也是如此。现在很多芯片把接收和转换都集成到一块 IC（集成电路）中。注意，转换器和接收器依旧是没有同时工作的，常见的转换芯片是 MAX485。

 项目实施

任务 4.1　方案设计

【任务规划】

本任务为系统总体方案设计，包含对智慧校园宿舍管理系统的需求分析和网络架构设计两大部分，通过完成本任务，让读者对智慧校园宿舍管理系统有一个整体认识，并养成良好的方案设计习惯。

【任务目标】

（1）熟悉智慧校园宿舍管理系统的性能需求和功能需求；
（2）熟悉智慧校园宿舍管理系统关键设备相关参数；
（3）掌握网络架构设计的方法。

【任务实施】

4.1　需求分析

1. 性能需求分析

智慧校园宿舍管理系统加快了学校信息化管理建设，改进了学校的管理模式，方便学校宿管科老师管理学生的住宿情况，通过系统可实时掌握学校宿舍使用情况、每个宿舍房间住宿情况、全校宿舍财务管理、每个学生住宿详细信息等。系统采用 B/S（浏览器/服务器）结构，可与其他一卡通子系统结合使用，也可单独使用。

智慧校园宿舍管理系统采用人性化管理，该系统是应对学生宿舍管理的现代化、网络化管理，逐步摆脱当前学生宿舍管理的人工管理方式，提高学生宿舍管理效率而开发的，它包括分房、入住登记、卫生评比、维修管理、违纪记录以及对学生的住宿情况的查询统计，可以实时了解每个学生的住宿情况，统计出剩余床位，测算出预期时间内的床位总剩余数等，

智慧宿舍架构如图 4-1 所示。

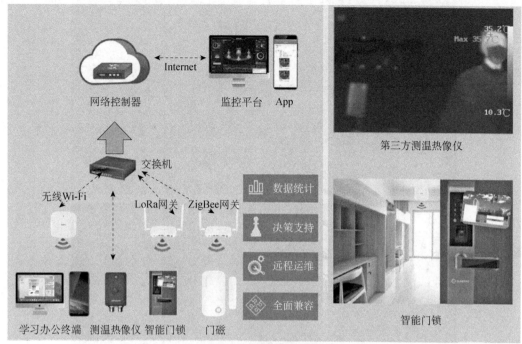

图 4-1　智慧宿舍架构

智慧校园宿舍管理系统如图 4-2 所示。

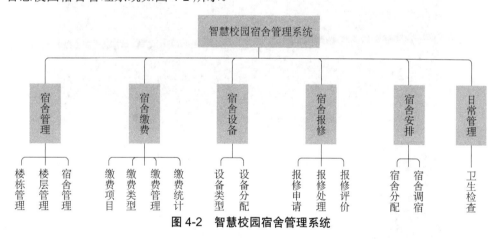

图 4-2　智慧校园宿舍管理系统

　　智慧校园宿舍管理系统是一个现代化软件系统，它通过集中式的信息数据库将各种档案管理功能结合起来，达到共享数据、降低成本、提高效率、改进服务等目的。智慧校园宿舍管理系统应达到以下目标：能够管理各类有关学生以及宿舍的信息；能够快速进行各类信息的添加、修改以及查询操作；减少工作人员的参与和基础信息的录入，具有良好的自治功能和信息循环；减少管理人员，减轻管理人员的任务，降低管理成本。

　　智慧校园宿舍管理系统界面如图 4-3 所示。系统可以实现：电瓶车智能平安充电、智能用电、移动综合支付-无卡支付、移动综合支付-综合缴费、智能洗衣、智慧公寓及门禁、智能报修、智慧迎新/离校、会议室智能管理、校车运营、智能订水、智能订餐。

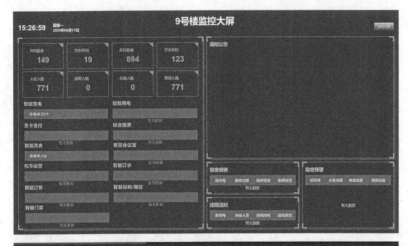

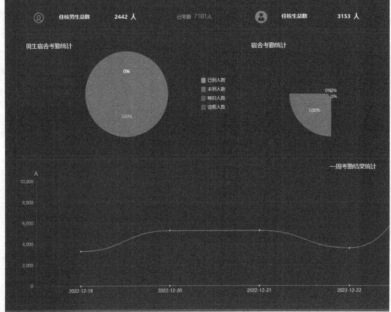

图 4-3　智慧校园宿舍管理系统界面

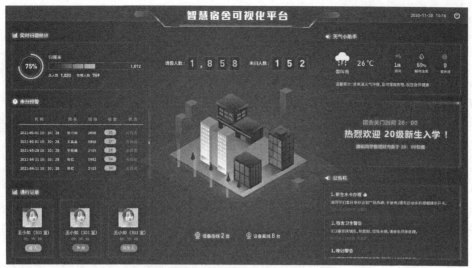

图 4-3　智慧校园宿舍管理系统界面（续）

2. 功能需求分析

1）宿舍管理现状

当前宿舍管理模式主要有两种，但它们都不同程度地存在问题。

一是学生宿舍的综合管理模式。综合管理是目前高校学生宿舍管理中普遍采用的模式，就是学校内部的后勤部门、学生工作部门、保卫部门和各系部的辅导员、班主任共同管理。各部门各司其职，按不同分工，对学生的管理服务有不同的内容。例如，后勤部门提供服务，管理卫生、水电和维修等；学生工作部门进行检查监督，管理思想教育和宏观调控；各系部的辅导员、班主任管理日常事务、纪律和思想政治教育。各部门按职责分工相互配合，齐抓共管做好学生宿舍管理工作。但在实际操作中，综合管理模式有严重缺陷，从经济角度看，管理成本相对较高，齐抓共管往往变成无人管理或不抓不管，管理中的混乱现象时有发生，不能根本提高管理和服务质量，存在着各部门相互推诿或相互依赖等不良现象，这就给综合管理带来消极影响。

二是学生宿舍的经营管理模式。经营管理，顾名思义是以经济为手段的经商式的管理。这种经营管理主要是来源于教育部牵头推行的后勤服务社会化改革，是指学生宿舍由开发商投资建造，在一定的年限内由开发商经营，向学生收取成本费用、服务费用等，他们实行独立核算、自负盈亏，在一定的年限内收回投资成本，年限到期后移交学校。除宿舍管理模式存在的问题之外，这种宿舍管理模式下对学生的负面影响也很大。

学生自我保护意识淡薄，宿舍存在安全隐患。一方面，校外一些不法分子乔装打扮成学生潜入校园，溜进学生宿舍进行盗窃活动；另一方面，可能会出现学生盗窃等不良行为。学生宿舍经常有人上门兜售东西，有些同学贪小便宜，上当受骗；有些同学以各种借口违反规定在校外租住，学生容易受到外界的诱惑，存在多种不良现象。

宿舍管理观念陈旧，管理手段单一。由于当代学生的心理正处于走向成熟而又尚未完全成熟的不平衡、不稳定阶段，使得学生们的心理状态呈现出复杂性、丰富性和多样性，这就要求学生宿舍管理工作应当不断地更新观念，改进工作方法。许多学校在学生宿舍的管理上往往强调"不能做"，而忽视"怎么做"，因此只强调片面的严格作息制度、不定期抽查等管理办法。

2）智慧校园宿舍管理系统解决方案

在整体设计中，我们将智慧校园宿舍管理系统分为7个模块：系统管理模块、宿舍管理模块、学生管理模块、信息查询模块、出入登记模块、信息修改模块、报表管理模块。

系统管理模块主要负责系统运行基础参数的配置与管理；宿舍管理模块主要完成宿舍房间、宿舍人脸识别、宿舍考勤、智慧水控等设施信息的管理；学生管理模块主要完成学生信息、学生入住等信息化管理，其他模块各自负责其核心的功能，共同满足了整个智慧宿舍信息化建设与管理需求。

其中，宿舍管理模块的核心功能如下。

（1）人脸识别宿管系统：主要由智能签到系统、通道考勤系统、楼层签到系统组成。系统中各子系统的信息均统一存储在宿舍楼存储服务器上，所有信息上传至监控中心。系统利用网络传输各类信息如识别人脸、报警等内容，实现人员出入管理的安全、快速、智能化，学工考勤管理系统化、简单化、身份识别、实时监控规范化、人性化。

在学生宿舍楼出入口处，部署人脸识别抓拍设备，同时在后端配合具有深度学习能力的服务器进行人脸分析和比对，学生刷脸进出宿舍楼，无须停留配合，快速通过无拥堵。同时当黑名单中的人员进出时或陌生人进入时会触发报警，有效防止非法人员进出宿舍。在学生宿舍楼的每个楼层楼梯口部署立式人脸比对设备，学生在规定时段在自己所在楼层通过刷人脸进行签到。

楼房管理：登记学校所有住宿楼情况。

宿舍管理：登记学校所有宿舍的情况。

员工管理：实现添加管理人员功能。

学生财物登记：登记学生在校期间所拥有的公共及私有贵重物品情况。

学生学期注册管理：登记学生在校期间每学期的住宿费缴纳情况。

学生离校管理：实现学生毕业离校处理，注销该学生信息。

学生基本信息录入：实现登记学生基本信息及分配宿舍。

（2）智慧考勤门禁：学生宿舍一般是宿舍管理员管理，在一定程度上存有安全隐患。随着计算机、互联网、人工智能等技术发展成熟，多种智能技术可以应用到校园场景，如人脸识别。人脸识别在宿舍管理中的应用，可以阻拦陌生人员随意进入，为学生提供安全舒适的学习生活环境，学生刷脸轻松进出。在宿舍场景应用中，人脸识别系统的功能对宿舍的学生进行出入管理，属于本区域的学生可以刷脸出入，阻止外来闲杂人员随意进出，实现学生出入考勤记录生成等。

（3）智慧水卡：传统的浴室洗浴是用现金或澡票，按每次固定金额收取，这种管理模式存在问题。智慧水卡采用公共浴室淋浴付费用水：由水控机、读卡器、水控软件、电磁阀、计算机等组成，广泛应用于大学、中学、企业、工厂、学校、政府等的澡堂、浴室、公寓、饮用水、自来水等领域的节水管理，免布线，节约成本，便于管理。

功能特点：

①提高浴室等用水场地的使用效率。

②显示用水扣款金额、余额。

③全防水设计。

④先扣款后消费，可自由设定扣款计费时间和金额。

⑤独有节水设计，采用读卡控水，插入 IC 卡节水控制器出水；拿走 IC 卡则停止出水，操作更加人性化和突显节水功能。

⑥采用计时方式扣费时，可以对费率进行灵活设计，满足各种需要。

⑦配合流量表，可以采用计流量方式扣费，更加科学、公平、合理。

⑧采用电子钱包方式，仅记录刷卡总额，免去账目核对的烦恼，采用采集卡提取数据，无须复杂联网，减少施工量。

⑨软件安装简便，用户充值简易方便。

⑩可以与门禁、消费、考勤等设备实现一卡通无缝连接。

4.2　网络架构设计

1. 总体网络架构

智慧校园宿舍管理系统将收集图 4-4 中的所有数据，让用户可随时通过自助服务、移动终端查询统计，同时系统将进行大数据处理，让用户获得更有价值的分析结果。

IAAS 基础设施层通过网络提供 IT 基础设施服务，包括服务器、存储、网络、计算、安全、备份等。

PAAS 支撑平台层是体现智慧校园宿舍管理系统云计算及其服务能力的核心层，为智慧校园的各类应用服务提供驱动和支撑，包括数据交换、数据处理、数据服务、支撑平台和统一接口功能单元。

SAAS 应用平台层包括：宿舍管理、学生管理、信息查询、信息更改、出入登记、报表管理等。

2. 系统设计概述

1）系统总体方案设计

智慧校园宿舍管理系统是针对校园宿舍管理设计打造的一个智慧管理系统，包括了宿舍的分配入住、水电、出入、考勤以及日常管理等应用场景，同时打通易趣校园平台，配合掌上易趣小程序的移动端功能，构建起一个完善的集 B 端管理和 C 端应用的智慧宿舍系统，为老师、宿舍管理员、家长和学生提供智慧化服务。

整个系统除管理功能和应用外，也设计了对外的信息交互渠道，包括大屏展示、数据交互接口和消息推送。大屏展示分为监控类和通知公告类，监控类主要用于宿舍考勤展示，展示宿舍考勤结果和未归晚归名单等信息，通知公告类用于展示宿舍通知公告、水电余额预警、门锁电量预警等信息。数据交互接口用于智慧校园宿舍管理系统与第三方系统的数据交互，支持查询和写入，主要包括基础数据、水电费用等的对接。消息推送是针对移动端的消息提醒，包括系统产生的考勤、水电余额预警、违规违纪、卫生检查等消息，方便老师、宿舍管理员和家长快速掌握学生动态，在出现状况时能及时采取措施，降低校园安全隐患。

2）综合布线工程各子系统设计要点

综合布线工程的各个子系统设计是系统设计的核心内容，它直接影响用户的使用效果。按照国内外综合布线的标准及规范，对各个子系统进行设计时，应注意以下设计要点。

（1）工作区子系统设计时着重注意信息点的数量及安装位置，以及信息模块、信息插座的选型及安装标准；

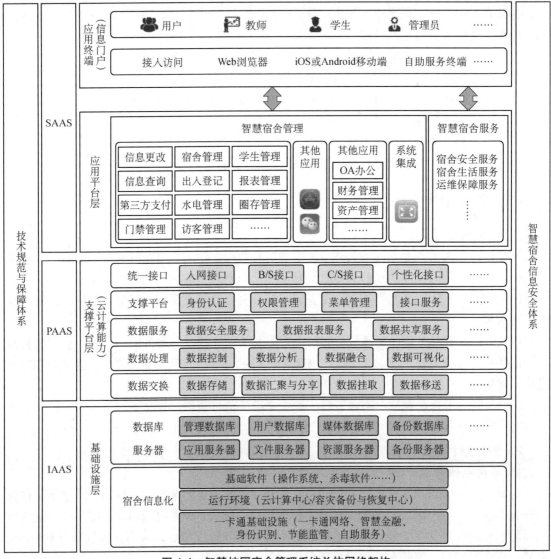

图 4-4 智慧校园宿舍管理系统总体网络架构

（2）水平子系统设计时要注意线缆布设路由，线缆和管槽类型的选择，确定具体的布线方案；

（3）管理区子系统设计时要注意管理器件的选择、水平线缆和主干线缆的端接方式和安装位置；

（4）垂直干线子系统设计时要注意主干线缆的选择、干线布线路由走向的确定、管槽铺设的方式，确定具体的布线方案；

（5）设备间子系统设计时要注意确定建筑物设备间位置、设备间装修标准、设备间环境要求、主干线缆的安装和管理方式；

（6）建筑群子系统设计时要注意确定各建筑物之间线缆的路由走向、线缆规格选择、线缆布设方式、建筑物线缆入口位置。还要考虑线缆引入建筑物后，采取的防雷、接地和防火的保护设备及相应的技术措施。

3）其他方面设计

综合布线工程其他方面的设计内容较多，主要有以下几个方面。

（1）交直流电源的设备选用和安装方法（包括计算机、传真机、网络交换机、用户电话交换机等系统的电源）。

（2）综合布线工程在可能遭受各种外界干扰源的影响（如各种电气装置、无线电干扰、高压电线以及强噪声环境等）时，应采取的防护和接地等技术措施。

（3）综合布线工程要求采用全屏蔽技术时，应选用屏蔽电缆以及相应的屏蔽配线设备，在设计中应详细说明系统屏蔽的要求和具体实施的标准。

（4）在综合布线工程中，对建筑物设备间和楼层配线间进行设计时，应对其面积、门窗、内部装修、防尘、防火、电气照明、空调等方面进行明确的规定。

4）系统的综合布线设计流程

智慧校园宿舍管理系统综合布线的设计流程如图 4-5 所示。

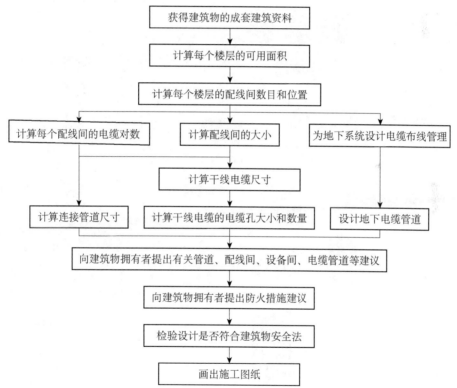

图 4-5　智慧校园宿舍管理系统综合布线的设计流程

3. 绘制网络拓扑图

1）什么是网络拓扑图

网络拓扑图是一种用于描述计算机网络环境（计算机、主机、网络设备等线路连接情况）的制图，一般将网络拓扑分为以下两类。

物理拓扑：描述网络中各节点的物理连接情况。

逻辑拓扑：描述网络环境的逻辑结构。

在计算机网络领域中，网络拓扑图是一个非常重要的工具，因此掌握专业的网络拓扑图绘制技巧是基本要求。

2）网络拓扑图的主要绘制工具

PowerPoint、Visio、亿图。

3）绘图步骤

（1）首先在纸上绘制草稿图，熟练之后，再利用绘制工具绘制；

（2）通过辅助工具描绘网络拓扑框架，利用好线条和框架色块（可根据业务逻辑模块）；

（3）放置网络设备图标；

（4）标记信息元素；

（5）完善外围元素；

（6）完成整体绘制。

4）网络拓扑图设计

智慧校园宿舍管理系统的总体网络拓扑图如图4-6所示。

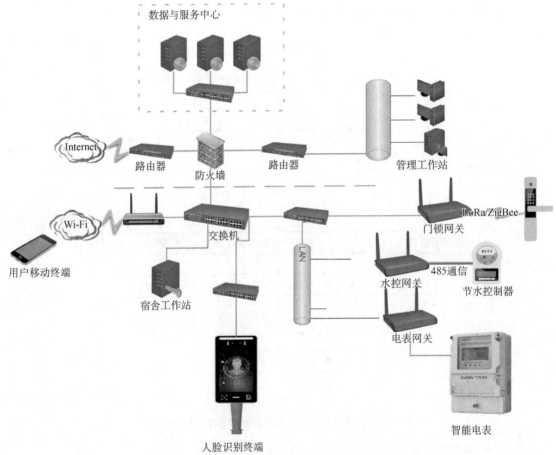

图 4-6　智慧校园宿舍管理系统的总体网络拓扑图

任务 4.2　实施与部署

【任务规划】

本任务为智慧校园宿舍管理系统涉及的软硬件设备的安装与部署，通过完成本任务，让读者学会智慧校园宿舍管理系统各设备的安装及配置，并熟悉综合布线的方法和规范。

【任务目标】

（1）掌握智慧校园宿舍管理系统各设备的安装、部署方法；
（2）掌握检测设备完好性的方法；
（3）熟悉综合布线的相关规范；
（4）了解不同模块的整合应用模型。

【任务实施】

4.1 设备检测

所有硬件到位后，均需要按照检测步骤进行检测，确保设备是正常的。检测设备完好性的步骤如下。

第一步：检查外包装是否有破损。

第二步：拆箱后检查设备外观是否有损伤，根据货物清单检查设备及配件是否齐全。

第三步：设备加电后检测各按键、屏幕等是否正常运行。

第四步：在调试过程中检测设备与系统通信是否正常。

4.2 设备安装

1. 安装的标准规范及流程

整个设备安装需要严格遵循以下相关的规范标准。

（1）环境要求：确保安装场地通网通电，尽量保证无明线安装。

（2）设备安装流程。

①确认地点：与用户确定设备安装具体位置，如用户提出位置不理想，安装人员可与用户沟通确认最终位置，并确保安装位置、环境符合要求。

②安装方式确认：根据现场情况及设备特性，确定安装方式如吊顶、壁挂、落地等安装方式，并根据安装方式进行安装部署。

③安装结束后收尾工作：安装结束后，现场收尾，清理施工辅料和垃圾，清扫完毕后，经用户确认安装完毕，并签署清单后，撤离现场。

2. 物资情况及进场计划

（1）管槽施工阶段：在管槽施工阶段进场的设备材料主要有各种型号的 PVC 管、焊接钢管、桥架及辅助材料。PVC 管和桥架可采用一次订货、分期进场的方式满足施工进度的要求。PVC 管和桥架的施工，采用 PVC 管预埋施工与桥架施工"分组进行，并驾齐驱"的方式加快施工进度。

（2）穿线施工阶段：该阶段进场的材料主要是各子系统的各种电源线、通信线。施工现场物资（材料）进场流程如图 4-7 所示。

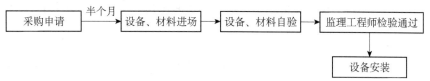

图 4-7 施工现场物资（材料）进场流程图

材料清单如表 4-2 所示。

表 4-2　材料清单

序　号	材料清单	规　格	数　量
1	电源线	0.75mm²（横截面积）	按需
2	通信线	0.75mm²（横截面积）	按需
3	PVC 管	20mm（直径）	按需
4	线卡		按需
5	管线桥架		按需
6	安装辅材	螺丝、电工胶布、扎带等	1 批

（3）设备安装阶段可分为两个分阶段，前端设备安装阶段和中心管理设备安装阶段。

3. 各种设备的安装

设备到位后，各种设备需要严格按照相关的实施要求及规范进行安装。

（1）宿舍智能电表的安装：根据相关的安装说明书，完成安装。

（2）宿舍智能节水控制器及水表的安装：根据相关的安装使用说明书，完成安装。

（3）其他各种设备按规范完成安装工作。

4.3　综合布线

综合布线应参考国家标准的实施，其对于保障智慧校园宿舍管理系统通信设备的正常运行和管理维护具有重要意义。只有严格按照国家相关标准的要求进行设计、实施和管理，才能确保综合布线系统的高质量和长期稳定运行。

1. 国家标准

GB/T 50372—2019《综合布线工程技术规范》：该标准规定了综合布线工程的设计、施工、验收等方面的技术要求。

GB/T 21671—2020《综合布线信息系统工程验收规范》：此标准针对综合布线信息系统工程的验收环节，规定了验收内容、方法、要求等。

GB 50198—2015《计算机信息系统工程设计规范和施工规范》：虽然这个标准主要关注计算机信息系统，但其中也有涉及综合布线的设计和施工规范。

2. 综合布线要求

（1）线缆选择与布线方式。

选择合适的弱电电缆：根据传输距离、传输速率、电磁兼容等要求确定电缆规格。

布线原则：避免强电线路与弱电线路相交，尽量分设弱电线缆综合管或采用不同的布线通道。

电缆走向与弯曲半径：考虑电缆的走向、弯曲半径和承受张力，保持足够的弯曲半径以保证传输性能。例如，超五类 4 对非屏蔽双绞线的弯曲半径应不小于线径的 8 倍（EIA/TIA569标准）。

（2）线缆安装与固定。

穿过障碍物：电缆穿过墙、楼板等时应保留适当的间隙，防止电缆压损或受潮。

终端制作：电缆终端应制作良好的接线盒，固定牢固，接头应紧固，并进行必要的防护措施。

线缆固定：采用专用固定夹具，避免使用钉子或铁丝等尖锐物品捆绑，以防割破绝缘层。

（3）接地与防雷保护。

接地要求：弱电设备应接地可靠，接地电阻小于 1Ω。

防雷措施：额定电压高于 50V 的线缆应进行防雷保护，如采用避雷器、引下线等装置。

电磁干扰防护：弱电系统与强电系统之间应设有适当的隔离带，以减少电磁干扰。

（4）设备安装与接线。

安装距离：弱电设备安装时应与强电设备保持一定的距离，避免相互干扰。

接线要求：设备的接线应按照电气图纸进行，接线端子应紧固可靠，不得出现松动、接触不良等情况。

标志标签：设备上的标志标签应清晰可见，便于日常操作和维护。

（5）弱电柜与配线架。

放置环境：弱电柜应放置在通风良好、无尘、干燥的场所，禁止放置易燃、易爆物品。

悬挂与标识：配线架应悬挂牢固，电缆线束整齐，标签清晰可见，便于线缆的管理和维护。

电源插座布置：弱电柜与配线架上的电源插座应按照规定进行布置，保证电缆正常引入和插拔。

（6）定期维护与保养。

定期检查弱电设备的运行情况，及时处理故障、更换损坏部件。至少每年对布线进行综合检查一次，对系统进行全面评估和验证。

3. 综合布线系统的结构和组成

综合布线系统是一种开放结构的布线系统，它利用单一的布线方式，完成语音、数据、图形、图像的传输。综合布线系统由不同系列和规格的部件组成，其中包括传输介质、相关连接硬件（如配线架、插座、插头和适配器）以及电气保护设备。

综合布线系统一般采用分层星型拓扑结构，该结构下的每个分支子系统都是相对独立的单元。对每个分支子系统的改动都不影响其他子系统，只要改变结点连接方式就可使综合布线在星型、总线型、环型、树型等结构之间进行转换。需要注意的是，目前不同的工业标准对于综合布线系统模块化结构的描述并不相同。

4. 智慧校园宿舍管理系统的综合布线详细步骤

（1）在开始施工前，需要熟悉并掌握综合布线系统工程设计、施工、验收的规范要求，以及各子系统的施工技术和整个工程的施工组织技术。同时，所有参与人员应熟悉和会审施工图纸。

（2）进行管道安装。这个过程需要满足国家电信部门有关的施工规范和 EIA/TIA569 标准。布线桥架的焊接，线槽的过渡连接也需要满足国家电工标准中对强电安装的工艺和安全要求。

（3）执行拉线安装。在这一阶段，传输介质通常有双绞线和光纤两种类型。无论哪种传输介质，都需要轻拉轻放，不规范的施工操作可能会导致传输性能降低甚至线缆损伤。

（4）将线缆布设到每个房间的信息点，并连接到相应的配线机柜内。弱电综合管网及布线工程是建筑弱电工程的基础设施平台，它是直接关系到各子系统建设和功能正常发挥的基础通道。

（5）完成配件端接线。这部分工作由相应的人员组成，以满足主干 10Gbit/s、水平部分 1000Mbps 交换到桌面的网络传输要求。

（6）进行测试和调试。这是检验布线质量的重要环节，需要使用专业工具进行测试，确保所有线路都能正常工作。

（7）制作文档和标签。为所有的信息点贴上标签，方便日后的维护和管理。同时，需要整理好所有的文档，包括设计图纸、施工记录等，以备查阅。

4.4 软件的安装与配置

1. 软件安装

根据系统特点，系统安装分为数据库初始化、服务器端软件与客户端软件安装几个部分。

1）数据库初始化

需求环境：已经安装好 SQL Server 数据库，并且有 SQL Server Management Studio 工具。

操作步骤：使用 SQL Server Management Studio 连接到数据库，手动创建数据库名称，选择脚本需要执行的数据库，运行初始化脚本。

2）服务器端软件安装需求环境

如果是多客户端使用，服务器端请采用服务器操作系统。数据库采用 SQL Server 2005 及以上数据库版本，建议使用 SQL Server 2008；服务器端操作系统建议为 Windows Server 2003 企业版；PC 上必须安装.NET4.0。

单击服务器端软件安装文件，按界面提示操作，选择安装路径，单击"下一步"按钮直到完成安装，最后会在桌面显示快捷方式图标。

3）客户端软件安装

需求环境：需要.NET4.0 支持，操作系统可以为 Windows Server 2003/Windows XP/Windows。

操作步骤：单击客户端软件安装包，双击运行 setup.exe，按照安装向导进行安装即可，安装完成后会在桌面显示快捷键图标。

系统配置分为系统管理和设备管理两部分。

1）系统管理

功能包括系统参数设置、数据源设置、参数组设置、设备运行参数设置、管理员权限设置。

（1）建立和维护系统参数。

（2）对设备运行参数进行添加、修改、删除，将设备运行参数绑定至终端设备。

（3）设置系统要连接的数据库信息。

（4）对参数组进行添加、修改、删除。

（5）添加、修改或者删除管理员信息。

（6）查看或者修改管理员所拥有的权限。

2）设备管理

功能包括：设备维护、设备组管理、终端分组、视频设备管理、设备进出调整。对系统运行的设备进行创建、修改和删除；对设备进行分组，以便更好地管理设备；对具体的终端设备进行分组，分配到相应的设备组中；对设备进出记录进行反向验证。

软件设置如下。

智慧校园宿舍管理系统软件设置参照图 4-8 所示进行设置；"UKService"为默认设置；

连接超时指连接等待时间多少秒后无响应则弹出提示；测试数据库连接，如果成功则表明配置正确，可以使用；保存信息。

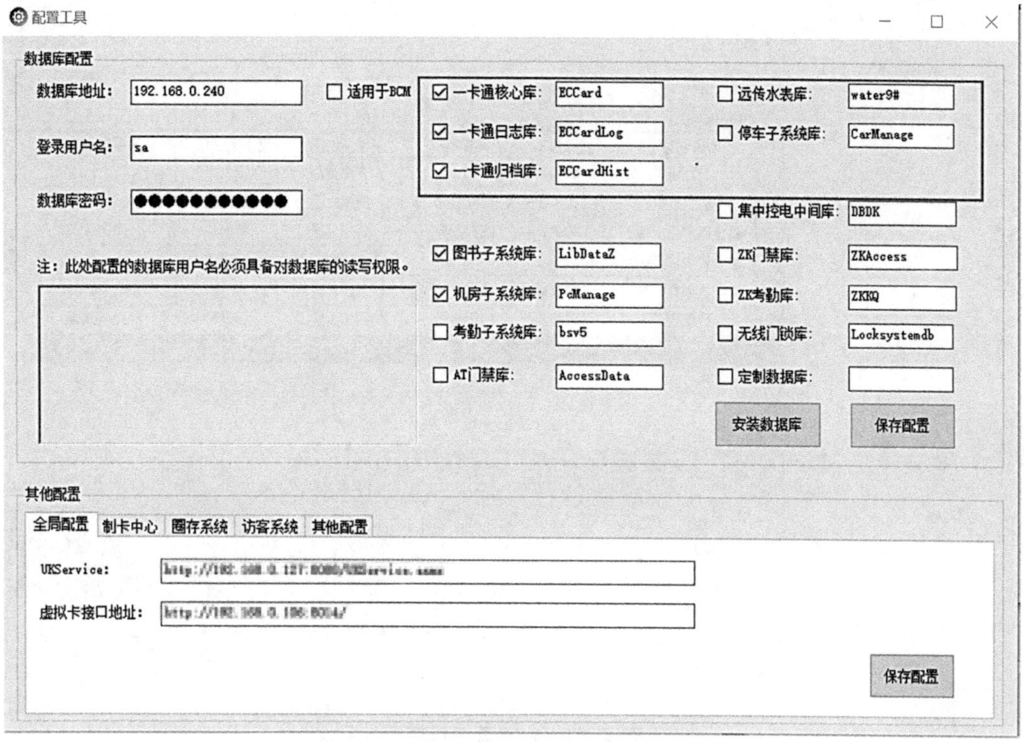

图 4-8　智慧校园宿舍管理系统软件设置

2. IIS 安装

本步骤操作同项目一。

3. 软件（EC-Card 系统）部署

按照项目一完成 EC-Card 软件部署后，对智慧校园宿舍管理系统进行授权，客户即可使用。

第一步：双击打开项目综合管理系统，并登录，如图 4-9 所示。

图 4-9　项目综合管理系统登录界面

第二步：在"项目管理"界面中，找到对应需要授权的项目，并单击"项目控制台"按钮，如图 4-10 所示。

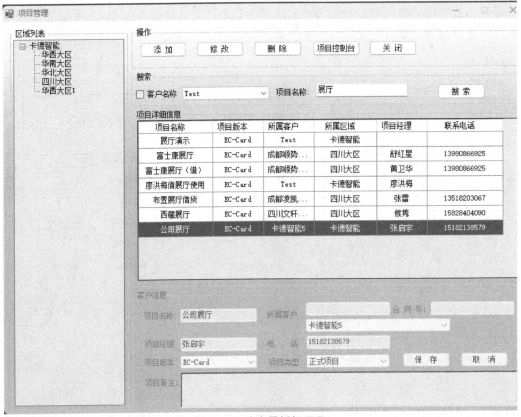

图 4-10　确定需授权项目

第三步：在"项目控制台"界面中进行项目授权，选中"宿舍管理系统"复选框后进行授权，后续客户可以通过授权码和加密狗实现应用平台宿舍管理系统的使用授权，如图 4-11 所示。

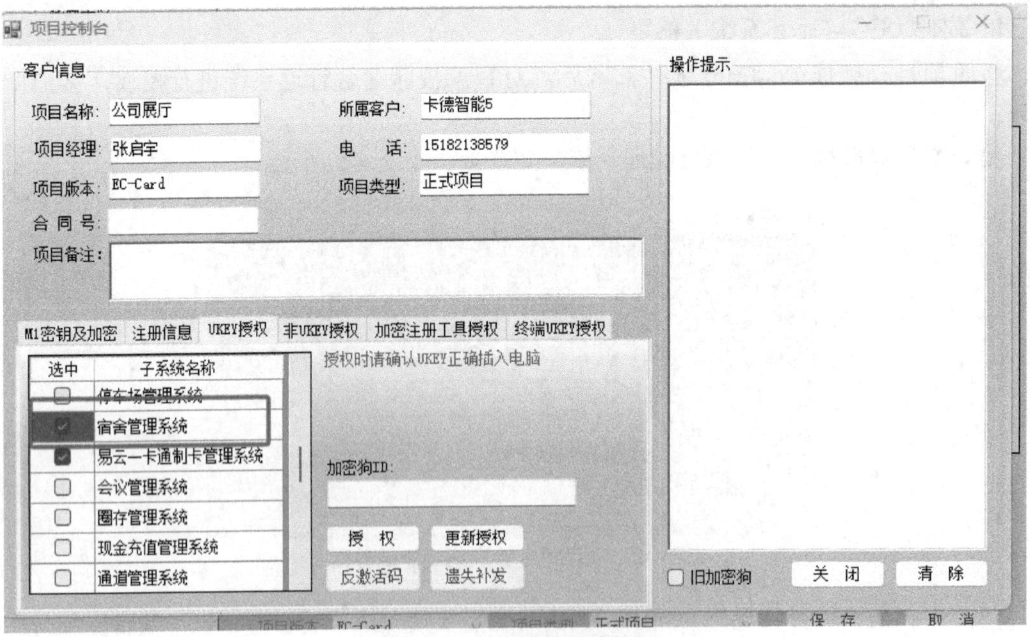

图 4-11　宿舍管理系统授权

任务 4.3　验收与运维

【任务规划】

本任务包含系统的功能测试、项目验收和系统运维，通过完成本任务，让读者学会智慧校园宿舍管理系统功能测试的步骤及方法，熟悉项目验收的流程，基本具备系统运维的能力。

【任务目标】

（1）熟悉智慧校园宿舍管理系统的业务运行流程；
（2）能够对系统的功能进行测试；
（3）能够完成项目验收；
（4）初步具备系统运维能力。

【任务实施】

4.1　系统测试

1. 测试目标

（1）增强测试计划的实用性，测试计划中的测试范围必须高度覆盖功能需求，测试方法必须切实可行，测试工具具有较高的实用性，便于使用，生成的测试结果直观准确。

（2）坚持"5W"规则，明确内容与过程。"5W"规则指：what，why，when，where，how。用 5W 规则创建软件测试计划，可帮助测试团队理解测试目的（why），明确测试范围和内容（what），确定测试开始和结束日期（when），指出测试的方法和工具（how），给出测试文档和软件存放位置（where），采用评审和更新机制，保证测试计划满足实际需求。

2. 测试方案

进行有效性测试：有效性测试是在模拟的环境下，运用黑盒测试的方法，验证被测软件是否满足需求规格说明书列出的需求。首先制订测试计划，规定要做测试的种类。还需要制定一组测试步骤，描述具体的测试用例。通过实施预定的测试计划和测试步骤，确定软件的特性是否与需求相符；所有的文档都是正确且便于使用的；同时，对其他软件需求，如可移植性、兼容性、出错自动恢复、可维护性等，也都要进行测试。在全部软件测试的测试用例运行完后，所有的测试结果与预期的结果相符。这说明软件的这部分功能或性能特征与需求规格说明书相符，从而这部分程序被接受。测试结果与预期的结果不符，这说明软件的这部分功能或性能特征与需求规格说明书不一致，因此要为它提交一份问题清单。

本系统共需要测试 4 个模块，分别为数据库设计模块、用户信息管理模块、学生宿舍管理模块、统计查询模块。先用单元测试方法测试 3 个模块的数据输入是否异常，再用集成测试方法测试数据库能否与学生管理系统中的数据连接，传递是否异常，最后用系统测试方法测试整个系统对于需求的符合程度。

本测试主要进行的功能测试有：用户信息管理模块和学生宿舍管理模块能不能添加及删

除用户，用户能不能修改密码，学生宿舍管理模块能不能查看个人信息。

性能测试主要有响应时间、并发用户数、吞吐量（单位时间内系统处理的客户请求的数量）。

3. 设备测试调试方案

1）准备工作及调试条件

系统调试必须具备以下条件：各设备机房必须有良好的照明和正确的电源；当涉及与其他有关厂家机电设备接口时，厂家必须有人配合；中心机房必须装修完整，清扫干净，并且有充足的照明和电源；系统调试工具到位。

2）系统调试的实施步骤

（1）单体设备：调试线缆测试完毕，可进行单体设备如监视器、摄像机、传感器、放大器等的通电、编码、性能调试等。调试时，要观察设备受电情况、表针指示、显示屏显示等，对运转不正常的设备应立即断电检查。调试通过，做好调试记录，作为能开始系统调试的必备条件，部分记录可作为主要设备中间验收交付的依据。

（2）单项系统调试：这里指智能化系统中各子系统的独立调试，并做好调试记录，这有利于划清工作界限，也可作为单项系统可以投入试运行的依据。

（3）调试结果：调试过程中所有技术参数和运行数据分别记录归档。

4.2 项目验收

1. 验收目的

验收是项目从实施到售后维护的一个过渡阶段。验收通过之后，项目进入系统售后维护阶段。验收是项目建设过程的一个里程碑，说明项目建设完成了实施这一过程，进入了下一阶段。为了使项目按照要求进行，确保项目完成后达到有关要求和标准，正常平稳运行，必须进行项目验收。

2. 验收流程

1）编写验收计划

在对项目进行深入的需求分析的基础上编写验收计划，提交用户审定。

2）成立项目验收小组

实施测试验收工作时，成立项目验收小组，具体负责验收事宜。

3）项目验收的实施

严格按照验收方案对项目应用软件、系统文档资料等进行全面的测试和验收。

4）提交验收报告

项目验收完毕，对项目系统设计、软件运行情况等做出全面的评价，得出结论性意见，对不合格的项目不予验收，对遗留问题提出具体的解决意见。

5）召开项目验收评审会

召开项目验收评审会，全面细致地审核项目验收小组所提交的验收报告，给出最终的验收意见，形成验收评审报告并存档。

3. 详细执行步骤

1）工程竣工预验收

这是由建设单位组织的初步验收环节，建设单位、承建单位参加。工程竣工后，建设单位会对承建单位自检验收合格后提交的相关资料进行审查和现场检查。如存在问题，建设单位会提出书面意见，并签发《××项目工程整改通知书》。

项目如有监理单位，应在监理单位的组织下完成工程竣工预验收。

2）系统功能测试

对智慧校园宿舍管理系统的各项功能进行全面的测试，确保系统能够正常运行，包括智能门锁、智能照明、智能空调等设备的控制功能。

3）系统性能测试

对系统的性能进行测试，包括响应时间、并发处理能力、数据处理速度等方面。测试过程中需要模拟各种场景，以验证系统在各种情况下的性能表现。

4）系统集成测试

对系统与其他相关系统的集成情况进行测试，确保各个系统之间的数据交互和功能协同工作正常。

5）用户验收测试

邀请实际用户参与测试，收集用户的使用反馈，评估系统的易用性、稳定性和满足用户需求的程度。用户验收测试可以通过问卷调查、访谈等方式进行。

6）项目计划是否完成

检查项目计划规定范围内各项工作或活动是否已按项目前期明确的全部完成。

7）项目完成质量是否符合要求

根据预定的质量标准和验收规范进行检查。

8）培训与交付

对用户进行系统操作培训，确保用户能够熟练使用系统。同时，将系统正式交付给用户，完成项目验收。

4.3 系统运维

1. 运维服务

1）成立售后维护小组

校园信息中心负责软硬件的日常管理与维护，校园各业务部门负责各业务系统的管理与维护，公司负责协助校园完成智慧校园宿舍管理系统的维护，保证平台正常运行。

2）设立本地化用户服务中心

用户服务中心成员通过了培训及认证，精通一到两个典型的大型应用，而且在管理项目和用户支持方面具有丰富的经验。用户服务中心接受现场技术小组转来的有关问题，并进行研究，给出解决方案建议，技术小组落实解决用户投诉。

3）定期总结

每年进行两次以上用户系统运行状况的总结与回顾，内容可根据双方的协商而决定，主要是为帮助用户解决在使用过程中遇到的问题，提供相应的解决方案，寻求系统的最佳配置，同时避免问题再次出现。

2. 故障处理

1）硬件故障

一个工作日内提供备品备件，并对故障设备进行维修。产品通过快递公司发回供应商，2天内维修好后发回校园。维修设备超过2次，供应商应直接更换新设备。

2）软件故障

排除故障方法：首先，检查地址是否为重复地址，重复地址将会导致整条线路通信异常。其次，检查通信是否异常、检查通信线的连接是否正确，错误的连接不仅会导致通信失败还可能导致整条线路通信信号损坏。

（1）确认环境温度、湿度、电压是否达标；

（2）安装箱内是否有灰、水滴等；

（3）在主电路断开的情况下，接通模块的电源线及输出回路；

（4）安装送电过程皆由电工或专业人员操作；

（5）用万用表检查模块的输入电源电压是否正常；

（6）用万用表检查输出回路是否和模块设置一致。

项目拓展

一、选择题

1. WLAN 的通信标准主要采用（　　）标准。

A. IEEE802.2　　　　　B. IEEE802.3　　　　　C. IEEE802.11　　　　　D. IEEE802.16

2. 以下关于 ZigBee 技术的描述中不正确的是（　　）。

A. 一种短距离、低功耗、低速率的无线通信技术

B. 工作于 ISM 频段

C. 适合用于音频、视频等多媒体业务

D. 适合的应用领域为传感和控制

3. 蓝牙技术是由（　　）公司最初联合 IBM 等 4 家公司成立的蓝牙特别兴趣小组开发的。

A. 诺基亚　　　　　B. 爱立信　　　　　C. 西门子　　　　　D. 摩托罗拉

4. 下列哪项不属于综合布线的特点。（　　）

A. 实用性　　　　　B. 兼容性　　　　　C. 可靠性　　　　　D. 先进性

5. 在设计一个要求具有 NAT 功能的小型无线局域网时，应选用的无线局域网设备是（　　）。

A. 无线网卡　　　　　B. 无线接入点　　　　　C. 无线网桥　　　　　D. 无线路由器

二、填空题

1. 蓝牙使用称为 0.5BT（　　）的数字频率调制技术实现彼此间的通信。

2. Wi-Fi 原先是（　　）的缩写，在无线局域网的范畴是指无线相容性认证。

3. ZigBee 设备类型有 3 种：协调器、（　　）和终端节点。

4. 无线局域网的标准 802.11 中制定了无线安全登记协议，简称（　　）。

5. 综合布线一般采用（　　）类型的拓扑结构。

三、判断题

1. 相比于有线网络，无线网络的主要优点是可以摆脱有线的束缚，支持移动性。（　　）

2. WiMAX（一种新型宽带无线接入技术，即全球微波互联接入）将取代 WLAN 技术成为主要的无线接入技术。（　　）

3. 在移动 Ad Hoc（一种多跳的、无中心的、自组织无线网络）网络中，每个节点既可作为主机，也可作为中间路由设备。（　　）

4. ZigBee 与 UWB（无载波通信技术）一样，主要用于高数据传输速度的通信。（　　）

5. IP 互联网、无线传感器网络、无线宽带网、移动通信网等网络都可以用于物联网。（　　）

四、简答题

1. 解释如下名词。

WLAN、WMAN、WWAN、MANET、WSN、WMN、物联网、蓝牙、ZigBee、Wi-Fi、WiMAX、RFID。

2. 无线传感网的典型技术有哪些？

五、综合题

1. 门禁系统目前只使用 TCP/IP 方式的控制器，控制器根据控制的门不同分为单门控制器、双门控制器、四门控制器等，请画出门禁系统拓扑图。

2. 在学校生活消费中，如就餐刷卡，购买零食或生活必需品时，常常会用到消费机，那么请大家简要画出 TCP/IP 网络架构的消费机系统拓扑图。

项目五

智慧停车管理项目实践

 **项目导入**

20世纪90年代以前，我国基本依靠人工和机械式大门对人流、车流进行控制与管理。随着城镇人口的急剧膨胀和我国汽车保有量的快速增长，这种管理方式已不能满足需求，因此出现了智慧停车场。

本项目主要完成搭建、调试、维护智慧停车场。

项目目标

1. 任务目标

根据所学的内容，完成某一场景智慧停车场的方案设计，硬件设备安装、调试，软件环境的安装部署和测试，并完成系统验收。

2. 能力目标

（1）能够根据智慧停车场的功能需求分析绘制图纸；

（2）能对智慧停车场的网络架构进行分析并绘制网络拓扑图；

（3）能理解并认识智慧停车场的硬件设备；

（4）能理解智慧停车场的相关技术并分析优点和缺点；

（5）能够安装部署智慧停车场的各设备，检测设备完好性，实现综合布线规范化；

（6）能够熟练操作系统，并能准确排除故障，并能够对系统运行进行维护或升级；

（7）在工程项目实施过程中，具备"6S"管理意识；

（8）具备沟通、协调和组织能力，能够以团队合作方式开展工作。

3. 知识目标

（1）了解智慧停车的定义；

（2）了解智慧停车场及应用场景；

（3）了解车牌识别技术、OCR技术、机动车电子标识、车辆检测技术的含义及应用场景；

（4）了解软件安装环境准备、安装步骤与注意事项；

（5）了解系统测试、项目验收及运行维护的流程。

4. 任务清单

本项目的任务清单如表5-1所示。

表 5-1　任务清单

序　号	任　务
任务 5.1	方案设计
任务 5.2	实施与部署
任务 5.3	验收与运维

 项目相关知识

5.1　案例分析

2015 年以来，中国智慧停车政策相继落地，为该行业提供强有力的支持。早在 2015 年 8 月 3 日，国家发展和改革委员会公布了《关于加强城市停车设施建设的指导意见》（以下简称《意见》）。《意见》指出，将放开社会资本全额投资停车设施收费，逐步缩小政府定价范围，在智能化停车建设方面，大力推动智慧停车系统、自动识别车牌等高新技术的应用，积极引导车位自动查询、电子自动收费通行等新型管理形态的发展，提高停车资源的使用效率。

1. 重庆江北国际机场停车场

重庆江北国际机场停车场，管理车位约 5000 余个。按层按区引导，停车数据线上应用等车位引导与找车服务极大地提升了机场停车场的使用效率。

2. 西藏拉萨城关区政府地下停车场

西藏拉萨城关区政府地下停车场有近 300 个停车位，各出入口建设了一体化高性能智能抓拍单元；配备了车位引导屏、余位显示屏等车位引导设备，示意图如图 5-1 所示。

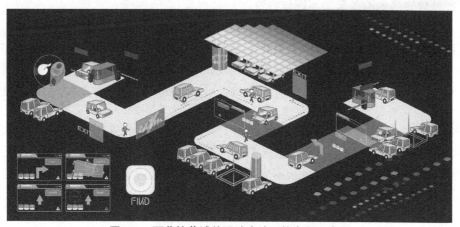

图 5-1　西藏拉萨城关区政府地下停车场示意图

3. 山东大学停车场

山东大学停车场有近 300 个停车位，部署了出入口卡口、出入口收费系统、余位显示屏、车位检测半球、车位引导屏、查询机以及后端管理平台。

4. 首都师范大学智慧停车场

首都师范大学停车场有近 300 个停车位，采用了视频智慧停车引导与反向寻车系统、视频车位检测器、车位引导屏、查询机以及后端管理平台。首都师范大学智慧停车场如图 5-2 所示。

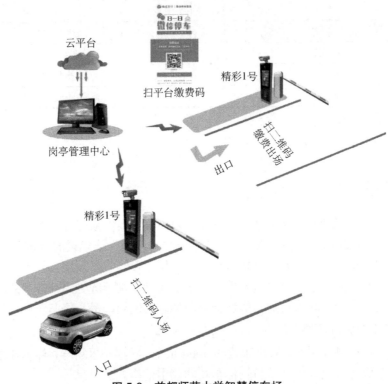

云平台

扫平台缴费码

精彩1号

岗亭管理中心

扫二维码缴费出场

出口

精彩1号

扫二维码入场

入口

图 5-2 首都师范大学智慧停车场

5.2 关键产品选型

1. 智慧停车场的设备选型原则与方法

1）先进性原则

采用先进的无线传感与停车管理、信息发布技术，综合应用到系统中。不但要能反映当今的先进水平，而且要具有发展潜力。在软件设计规范方面，严格遵守最新的国际标准、国家标准和行业标准。支持标准的应用开发平台，可以方便地与其他相关系统连接和通信。

2）实用性原则

系统建设、产品选型要具有很强的实用针对性，既要考虑先进性又要考虑实用性，应始终贯彻面向应用、注重实效的方针，坚持实用、经济的原则。遵循可持续性原则的系统设计、建设除考虑先进性、实用性外，还应考虑系统的可持续发展，要求系统接口具有可持续发展的能力。

3）开放性和标准性原则

为了满足系统和设备的协同运行能力、系统投资的长期效应以及系统功能扩展的需求，必须要求系统的开放性和标准性。全部系统都必须按照开放性和标准性原则设计和提供全套的技术资料和全面的技术培训。

4）可靠性和稳定性原则

在考虑技术先进性和开放性的同时，还应从系统结构、技术措施、设备性能、系统管理、厂商技术支持及维修能力等方面着手，确保系统运行的可靠性和稳定性，达到最大的平均无故障时间（MTBF）。

5）功能完善与资源整合相结合

既要充分了解停车场管理部门的业务需求，并在其基础上进行整修升级建设，从而保证总体功能完善，又要尽量考虑原有设备的合理利用。

2. 智慧停车场的设备

1）高清车牌识别一体机

高清车牌识别一体机集成智能补光系统，箱体搭配全玻璃面，道闸机芯采用最新电子控制技术及最新机械加工工艺，可实现两种速度可调、限位免调、缓冲限位等优势，使道闸运行更加平稳、可靠，适应频繁使用场景，寿命更长；同时具有遇阻返回功能，集成地感模块，无须另外购买地感设备，它的工作电压为 DC12V，卡片采用 ID 卡，读卡距离为 7～10cm。高清车牌识别一体机如图 5-3 所示。

图 5-3 高清车牌识别一体机

2）数字道闸

数字道闸采用国际最新技术设计制造，实现了道闸运行的自动化、智能化；同时增加了我公司独创的离合装置、平衡装置，使道闸运行更加平稳可靠，使用更加方便、安全。数字道闸采用直流无刷电机，较一般有刷直流电机及普通交流电机有优越性。它具有高可控性、低功耗能、无电刷的特点。

它的外形设计专业、美观大方，使用汽车金属烤漆，永不褪色；体积小、质量轻、便于运输及安装，数字道闸如图 5-4 所示。

图 5-4 数字道闸

3）车辆检测器

车辆检测器是智慧停车场中非常重要的部件，对车辆安全具有决定性作用，因此选择车辆专用设备，确保系统稳定可靠，车辆检测器如图 5-5 所示。

车辆检测器通过地感线圈检测车辆的有无，具有以下两种应用。

一是用于出入口的车辆检测器：通过检测车辆的有无，来确定高清车牌识别一体机上电子显示屏的内容、语音提示以及自动出卡机是否出卡等。主要技术参数有以下几个。

（1）灵敏度：高中低三级可调，适应各种车辆类型（摩托车、小汽车、中型车、大型车等）。

（2）频率：高中低三档可调，抗干扰能力极强。

（3）信号校时：输出信号延时，可以进行调整。

（4）自动复位：对系统进行自动复位。

（5）工作电源为 AC220，功耗为 50mA。

车辆检测器采用工业化设计，经过严格的静电、雷击及浪涌、脉冲等测试，有效保证设备可靠使用，多种显示内容支持，满足各种十字交叉路口场景应用。

二是用于道闸中的车辆检测器：通过检测车辆的有无，来判断道闸栏杆的起落达到防砸车的目的。

图 5-5　车辆检测器

4）模型玩具车

模型玩具车用于模拟汽车，对智慧停车场进行测试，模型玩具车如图 5-6 所示。

图 5-6　模型玩具车

5）车位引导屏

车位引导屏由 LED 模组、电源、外壳等部分组成，如图 5-7 所示。车位引导屏安装在智慧停车场内部重要的岔道口，可以兼容超声波车位引导系统与视频车位引导系统，接收集中控制器的输出信息，以数字、箭头等形式显示该智慧停车场区域的空车位数，引导车主快速找到空车位，保证停车场收费系统的畅通和车位充分利用。当车位数少于 10 时，数字显示为红色，大于 10 显示为绿色，红绿双色指示清晰可辨。它采用低功耗设计，具有短路、过载、过流、过压保护的功能。

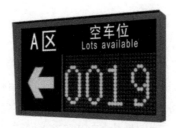

图 5-7　车位引导屏

6）超声波车位探测器

车位探测器与指示灯集成一体化，LED 采用超高亮三色灯珠，可指示 7 种颜色，内置红外接收装置，采用短路、反接、错接保护设计，接线口采用插拔式端子连接，配套接线转接板。超声波车位探测器如图 5-8 所示。

图 5-8　超声波车位探测器

7）车位控制器

车位控制器与上位机采用以太网通信，采用 EIA-485、CAN 总线混合通信机制，采用进口的 32 位 ARM 处理器，设备具有短路、反接、错接保护设计功能；电源具有短路、过负载、过压保护功能。通信总线采用先进的防冲突、容错、排错算法机制，自动保存关联信息，脱离计算机独立正确运行。车位控制器如图 5-9 所示。

图 5-9　车位控制器

 关键技术

5.1　车牌识别技术

1. 行业标准

GA/T 833-2016 机动车号牌图像自动识别技术要求规范如下：

（1）号牌颜色识别率应不低于90%；

（2）号牌结构识别率应不低于95%；

（3）识别时间不大于 $[(A/B) \times (K \times 100)]$ ms；

（4）号牌识别结果应包括号牌号码、号牌颜色、号牌结构。

第（3）点中，A 为用于识别的图像分辨率；B 为固定常数，其值为 $768 \times 576 = 442368$；K 为图像中存在的车牌数量，即车牌图像为（768×576）像素点时。当图像中存在一个号牌时，其识别时间不大于100ms；当图像中存在两个号牌时，其识别时间不大于200ms；当图像中存在三个号牌时，其识别时间不大于300ms；当图像中存在四个号牌时，其识别时间不大于400ms。

2. 常见车牌识别设备

收费型摄像机是专门针对停车场行业，推出的基于嵌入式的智能高清车牌识别一体机产品，采用高清宽动态图像传感器和高稳定性 TI DSP（德州仪器的数字信号处理器），具有高清晰度、高帧率、低照度、高色彩还原度等特点。通过接收来自车辆检测器、视频检测信号，对经过出入口或重要交通路口等场景车辆进行抓拍并识别，并将抓拍图片及识别号牌等信息通过网络快速上传。

3. 车牌识别技术流程

车牌识别技术流程依次是图像采集、图像预处理、车牌定位、字符分割、字符识别、输出结果。

4. 停车场的车牌识别监管系统

停车场的车牌识别监管系统如图5-10所示。

5. 图像识别技术的识别方式及触发方式

图像识别技术的识别方式及触发方式如图5-11所示。

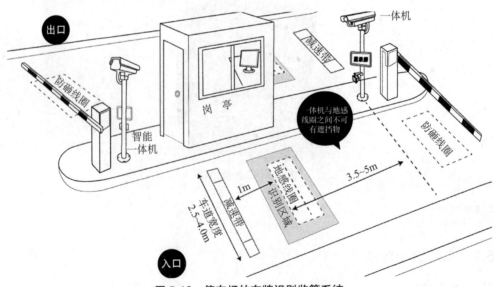

图 5-10　停车场的车牌识别监管系统

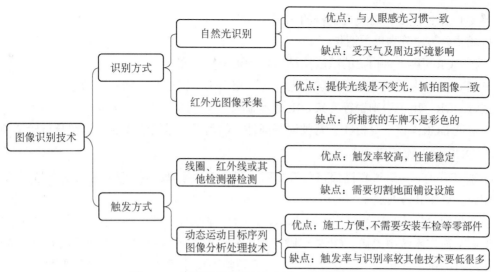

图 5-11 图像识别技术的识别方式及触发方式

5.2 OCR 技术

OCR 是光学字符识别技术的英文简称，它通过电子设备（如扫描仪或数码相机）检查纸上打印的字符，检测暗、亮的模式确定其形状，用字符识别方法将形状翻译成计算机文字。OCR 技术的工作流程如图 5-12 所示。

图 5-12 OCR 技术的工作流程

1. OCR 发展史

OCR 技术最早于 1921 年提出，直到 20 世纪 70 年代初，由日本学者开始着手研究，直到 20 世纪 90 年代后，OCR 技术才得到了进一步发展。

2. OCR 处理流程

OCR 处理流程包括：首先是图像输入、预处理，然后进行二值化，再进行倾斜校正、版面分析、字符切割、字符识别，完成版面恢复，最后需要进行后处理、校对，以此形成完整的 OCR 识别流程。

3. OCR 分类

OCR 常见的三种不同分类方式，即按字体、语言、场景进行分类，不同分类下有着不同的应用。

按字体分类，分为以下两种。

印刷体 OCR：主要针对印刷文档的字符识别，如书籍、报纸等。

手写体 OCR：专注于识别手写文字，这通常比印刷体识别更具挑战性，因为手写体的风格和形状变化更大。

按语言分类，分为以下两种。

中文 OCR：专注于识别中文字符，包括简体和繁体。

英文 OCR：主要针对英文字符的识别。

按场景分类，分为以下四种。

文档 OCR：用于将扫描的纸质文档转换为可编辑的文本。

车牌 OCR：专门用于识别车牌上的字符，通常用于交通监控和停车场管理。

银行 OCR：用于识别银行支票、汇票等金融票据上的信息。

身份证 OCR：识别身份证、驾驶证等证件上的信息，常用于实名认证和身份验证场景。

4. OCR 的工作原理

OCR 工作时，先通过扫描仪将一份文稿的图像输入计算机内，然后由计算机取出每个文字的图像，再将其转换成汉字的编码。

现在我们看到的是在智慧停车场中，OCR 的车牌识别应用，本质上还是将图像转换成字符的编码从而在系统中流通。OCR 车牌识别工作过程如图 5-13 所示，先通过摄像头进行图像采集，对图像进行平滑、畸变校正、对比度调整等预处理工作，然后进行车牌定位、字符分割，完成字符识别后，输出识别结果，包括车牌号码、车牌颜色等信息。

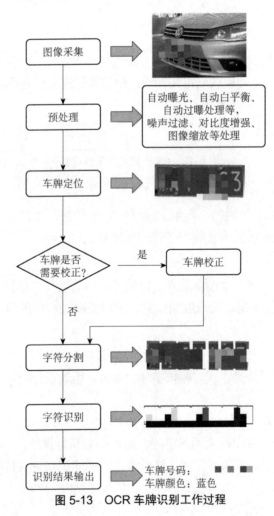

图 5-13　OCR 车牌识别工作过程

5.3　电子标识

1. 机动车电子标识的定义

机动车电子标识也叫机动车电子身份证、机动车数字化标准信源，俗称"电子车牌"，将车牌号码等信息存储在射频标签中，能够自动、非接触、不停车地完成车辆的识别和监控。

2. 电子标识的基本要求

电子标识的基本要求如图 5-14 所示。

可存储数据	可远距离读取	可靠性高	可同时识别大量标签	精准识别运动中的标签
车辆型号、颜色、车主信息	可识读10m以上	读取成功率在99.99%以上	最大每秒200个以上	移动识别速度100km/以上

图 5-14　电子标识的基本要求

3. 电子标识的发展历程

电子标识的历程艰辛而曲折。从 1991 年起，美国就率先采用了机动车电子标识技术，并将之运用在电子车牌项目上，直到 2004 年才开始实验用于收费系统和道路安全上。

我国是直到 2014 年才开始试点推行机动车电子标识的，不过在 2016 年就看到了机动车电子标识行业带来的巨大发展空间，我国汽车的保有量继续上升，大大带动了我国汽车行业的发展。

4. 电子标识的工作步骤

（1）分发和安装：安装适用于不同车型的标识。

（2）信息采集和获取：获取车辆信息资源。

（3）信息传输：网络传输至后台系统。

（4）管理与服务：对信息进行处理，实现对车辆的管理和服务。

5. 电子标识的工作原理

电子标识采用的是超高频的射频技术。当机动车电子标识进入磁场后，电子标识接收读写器发出的特殊射频信号，电子标识发送存储在芯片中的信息，通过读写器解码上传实现信息的处理。

6. 电子标识的体系架构

机动车的电子标识架构，从下到上包含物理层、感知层、网络层及应用层。

物理层：实现机动车电子标识与汽车的绑定，将车辆抽象为可感知的数字信息。

感知层：通过信息采集和传感设备对已经标识的车辆及时空环境进行识别和感知。

网络层：将数字信息映射至应用层，将虚拟数字信息传送至应用层。

应用层：根据得到的数字信息进行处理和后续操作，最终实现对车辆实体在物理世界的管理和服务。

7. 电子标识的分类

电子标识根据有无电池搭载分为有源电子标识和无源电子标识。

有源和无源电子标识对比如表 5-2 所示。

表 5-2 有源和无源电子标识对比

对比方面	无源电子标识	有源电子标识
功耗	无源，无须更换电池	内装电池，需要定时更换
寿命	10 年	2 年
识别距离	较近（0～20m）	远（0～100m）
体积	轻薄小巧	体积偏大
成本	低	高
定位	精准	精度偏低
维护	无须维护	定期维护

8. 电子标识的技术优势

（1）安全性好，采用独有算法，第三方设备无法读取。

（2）安装简易，不用任何特殊的安装工具或材料。

（3）匹配算法，可以准确判断非法使用的非机动车辆。

（4）全天候工作，任何天气情况下都可以可靠地工作，非常适用于出行。

9. 电子标识与 ETC 的区别

（1）标准制定部门不同。

（2）应用场景不同。

（3）系统安全等级不同。

（4）电子标识可标识车辆唯一身份证，ETC 不可以。

（5）产品生命周期不同。

（6）系统识读车辆速度不同。

（7）系统采集识读车辆成功率不同。

10. 电子标识的主要功能

防伪：每张 RFID 标签都有全球唯一 ID 号码，而且是不可修改的，因此 RFID 技术具有无可比拟的防伪性能。

防借用：由于车辆号牌信息可以加密写入标签，以及调用系统数据库内的信息资料，可以辨别出某一车辆是否有权使用这张车证（电子标识）。

防盗用：车证不慎遗失，可以通过失主挂失的方法使该车证失效，一旦某车辆使用挂失车证试图出入时，就可以被识别出来。

防拆卸：每个电子标识都附带有防拆卸功能，安装好以后，一旦进行拆卸，电子标识将无法工作。

运用电子标识，可以实现交通违法违章行为的识别，假牌和套牌的识别，不合法的车辆识别，以及车辆行驶轨迹、动态交通信息采集，道路交通拥堵分析与预警等。

5.4 ETC 技术

1. ETC 的概念

ETC（Electronic Toll Collection，电子不停车收费系统），无须车主停车和人工缴费即可快速通过收费站点，真正实现一路畅通。

2. ETC 系统组成及工作原理

ETC 系统主要由车辆自动识别系统、中心管理系统和其他辅助设施组成。其中，车辆自动识别系统由 OBU（电子标签）、RSU（读写器）、环路感应器等组成。OBU 存储了车辆的相关信息，一般安装在车辆的前挡风玻璃上。RSU 安装在收费站旁边。环路感应器安装在车道地面下。中心管理系统存储了大量已注册车辆和车主的信息。当车辆通过收费站口时，环路感应器感知车辆，RSU 发出询问信号，OBU 做出响应，并进行双向通信和数据交换，中心管理系统获取车辆识别信息后进行比较判断，根据不同情况来控制管理系统产生不同的操作，从而实现对行驶车辆的自动管理。

3. ETC 的功能

（1）实现车道数据采集、设备控制、收费等功能。

（2）实现对车道收费的各种特殊情况做出处理的功能。

（3）能够以独立作业的方式工作，当收费站计算机不工作或网络出现问题时，不影响正常工作，作业参数、收费数据记录均存储在本地。

（4）与站级系统之间的数据通信功能。在通信中断的情况下，收费车道系统能维持正常收费作业，通信恢复后，积压数据能自动上传。

（5）定期从收费站获取日期、时间、系统运行参数及其他信息并进行同步。

4. ETC 的工作流程

ETC 系统工作主要借助 ETC 收费车道、收费站管理系统、ETC 管理中心、专业银行及传输网络共同完成。ETC 的工作流程如图 5-15 所示。

车道控制子系统用于控制和管理各种外场设备与安装在车辆上的电子标签（OBU）的通信，记录车辆的各种信息，并实时传送给收费站管理子系统。

收费站管理子系统负责收集传送过来的数据。ETC 管理中心是 ETC 系统的最高管理层，既要进行收费信息与数据的处理和交换，又要行使必要的管理职能，它包括各公路收费公司、收费结算中心和客户服务中心，根据接收到的数据文件在各公路收费公司和用户之间进行交易、拆账和财务结算，配有多台功能强大的计算机，完成系统中各种数据、图像的采集和处理。

5. ETC 的通信频段

ETC 是通过远距离、非接触采集射频卡的信息，实现车辆在快速移动状态下的自动识别从而实现自动化管理。由于技术要求和实际情况的不同，所采用的读卡器的型号也不同。而就工作频率范围而言，目前电子收费系统确定在 5.8GHz 附近，欧洲、日本、美国、中国等大多数国家的标准定在 5.8～5.9GHz 频段。

在我国选用 5.8GHz 频段具有如下优点：首先，我国通信系统标准体系接近欧洲标准体系，无线电频率资源的分配大致相同；其次，5.8GHz 频段背景噪声小，并且解决该频段的干扰和抗干扰问题要比解决 915MHz、2.45GHz 容易；再次，5.8GHz 频段的设备供应商较多，有利于我国 ETC 系统的设备引进，有利于降低系统成本，也有利于将来开展智能运输系统领域的其他服务。

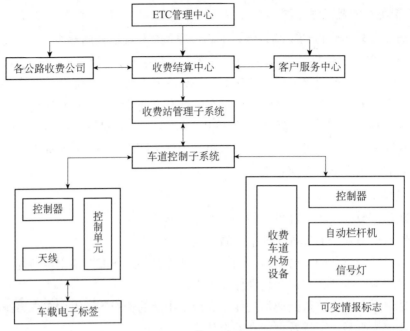

图 5-15　ETC 的工作流程

6. ETC 的网络架构

ETC 的网络架构，包括物理层、数据链路层和应用层。物理层实现无线通信信号的发射和接收。数据链路层包含 MAC 子层和 LLC 子层，MAC 子层实现 RSU 对 OBU 的识别和访问控制。ETC 的 MAC 地址分为广播 MAC 地址和专用 MAC 地址，广播 MAC 地址为 32 位全"1"比特，用于 RSU 传送公共信息给所有 OBU，专用 MAC 地址为 32 位非全"1"比特，用于 RSU 与 OBU 进行点对点通信。MAC 层功能通过 1 字节的 MAC 控制字实现，可以指示发送的数据帧是上行链路还是下行链路（b7，D/U），是否存在有效载荷 LPDU（b6，L），数据性质是命令还是响应（b5，C/R），是广播信息还是建立专用链路（b4，Q）。LLC 子层实现协议数据单元 PDU 的传送和接收，差错控制与差错恢复等。LLC 子层有两种控制方式，即不确认无连接方式和确认无连接方式，前者用于广播公共信息，后者用于 RSU 与 OBU 进行点对点通信。应用层包含 B-KE、I-KE 和 T-KE 实体，B-KE 实现公共信息广播，I-KE 实现 RSU 与 OBU 的通信初始化，T-KE 实现 RSU 与 OBU 之间的数据交换，如各种交易流程。

7. ETC 的优势

1）不停车通行，优化交通结构

驾驶者可以不用停车并直接通过 ETC 进行自动缴费，有效地提高了收费站的车辆通行能力，避免了因收费造成的交通堵塞，提高了公路利用率。

2）分段收费计算，价格公开

驾驶者通过 ETC 缴费，所有收费区间按照实际行驶里程、费率标准精确计费，费用更加公开准确。

3）节约资源，减少尾气排放

ETC 系统减少了车辆在收费站人工缴费的等待时间，降低了油耗，减少了汽车怠速时的尾气排放，从而达到了节约能源、保护环境的目的。

8. ETC 发展的意义

突破省域，面向全国：实现突破现有格局，形成高效运行、相互衔接、协调发展的联网新格局。

节能减排，绿色交通：推动全国高速公路 ETC 联网，扩大 ETC 使用规模，可以加快推进我国绿色交通发展、改善空气质量。

注重服务，提升水平：完善客户服务体系、更新服务理念，满足公众的多层次需求，真正把高速公路建成便民经济通道。

加强融合，促进发展：推进全国高速公路 ETC 联网，整合行业信息化资源，实现信息技术与交通运输管理全面融合势在必行，并促进相关产业持续健康发展。

5.5　车辆检测技术

1. 车辆检测技术的概念

车辆检测是智能交通系统的组成部分，通过车辆检测方式采集有效的道路交通信息，获得交通流量、车速车间距、车辆类型等基础数据。车辆检测技术的种类很多，如红外线检测、超声波检测、视频检测、感应线圈检测、雷达检测等。

2. 车辆检测技术的分类

1）红外线检测技术

红外线检测器是顶置式或路侧式的交通流检测器。该检测器一般采用反射式检测技术。由调制脉冲发生器产生调制脉冲，经红外探头向道路上辐射，当有车辆通过时，红外线脉冲从车体反射回来被探头的接收管接收，经红外解调器解调再通过选通、放大、整流和滤波后触发驱动器输出一个检测信号。这种检测器具有快速准确、轮廓清晰的检测能力。其缺点是工作现场的灰尘、冰雾会影响系统的正常工作。

红外线检测技术的优点、缺点。

优点：功耗小、占用位置小、安装方便。

缺点：灰尘多的环境不适用，精准度低，容易受损。

2）超声波检测技术

超声波是频率为 $10^4 \sim 10^{12}$Hz 的声波，具有指向性强、能量消耗缓慢、在介质中传播的距离较远等特点，因而超声波经常用于距离的测量，如测距仪和物位测量仪等都可以通过超声波来实现。

（1）超声波检测技术的原理。

声源产生超声波，超声波以一定的方式进入空气传播。超声波在工作中传播遇到不同介质界面，使其传播方向或特征发生改变，改变后的超声波通过检测设备接收，并处理分析。

（2）超声波检测技术的优点、缺点。

优点：超声波检测具有不需要开挖路面，不受路面变形影响；可以全天候工作；使用寿命长，可移动，架设方便。

缺点：因为检测范围呈锥形，所以受车型、车高变化的影响；易受环境影响，如大风、暴雨等天气影响检测效果；检测精度较差，特别是车流严重拥挤情况下。

3）视频检测技术

视频检测技术利用行驶监控设备实现图像抓拍功能、录像和录像回放功能、报警和报警联动功能，以及对云台的控制、摄像机的变焦、预置位及巡航等功能。

（1）视频检测技术的原理。

视频检测技术的基本过程是从给定的视频中读取每帧图像，并对输入图像进行预处理，如滤波、灰度转换等，然后判断输入图像中是否有运动目标，接下来判断运动目标是否为监控目标，最后对该目标根据需求进行监控、跟踪或行为理解等分析。

（2）视频检测技术的优点、缺点。

视频检测技术具有精度高，可以提供大量交通管理信息，在任意环境使用的优点。但也有一个缺点就是需要人工支持才能运用该技术。

4）感应线圈检测技术

感应线圈检测技术是将地磁埋于车位表面下，每当驾驶员将车辆停在车位上时，地磁传感器能通过地磁周围磁场变化自动感应车辆的到来并开始计时。

（1）感应线圈检测技术的原理。

当有金属物体经过磁场时，引起磁通量的变化，产生旋流，旋流将会在导体中被感应到。

（2）感应线圈的优点、缺点。

优点是精准度高，技术成熟，容易掌握，不会受环境因素等影响。缺点是埋在地下，维护工作不方便，来往车辆多会加快设备的损坏。

5）雷达检测技术

雷达检测技术实质上是一种高频电磁波发射与接收技术。雷达所用的采样频率一般为数兆赫。

（1）雷达检测技术的原理。

雷达检测技术通过计算雷达信号到达目标，然后从目标返回雷达的时间，来得到目标的距离。目标的角度位置可以根据收到的回波信号幅度最大时，窄波束宽度雷达天线所指的方向而获得。如果目标是移动的，由于多普勒效应，回波信号的频率会漂移。该频率的漂移与目标相对于雷达的速度成正比，根据此公式可以得到目标的速度。

（2）雷达检测技术的优点、缺点。

雷达检测技术的优势为维修方便，不易损坏，可以适应各种环境；但是它也有精准度较低而且获得的信息有限的不足之处。

3. 车辆检测技术的应用

经过调研和分析，目前使用最多的是感应线圈检测技术和视频检测技术这两种。综合考虑使用环境、性能要求、成本、使用寿命、日常维护和系统升级等方面，在普通道路或者车流密集的情况下优先考虑使用感应线圈检测技术，在大桥、高架桥、隧道等不能破坏路面的情况下优先考虑视频检测技术，快速环路等封闭型道路又需测速的情况在高速公路下优先考虑雷达检测技术。由于当前不同检测技术的优点、缺点都十分明显，所以可以采取多种检测技术配合使用组成功能完备的综合检测系统，取长补短。例如，自动泊车辅助系统 APA，是利用车载传感器（超声波雷达或摄像头）识别有效的泊车空间，并通过控制单元控制车辆进行泊车的系统，是一种可以使汽车以正确的方式停靠泊车位或驶出泊车位的驾驶辅助系统，由超声波传感器系统、中央控制系统、执行系统等组成。对于汽车紧急制动系统 AEB，在防撞行人时，采取的是红外线检测技术。

任务 5.1　方案设计

【任务规划】

本任务为系统总体方案设计，包含需求分析、关键产品选型、网络架构设计三大部分，通过完成本任务，让读者对智慧停车场有一个整体认识，并养成良好的方案设计习惯。

【任务目标】

（1）熟悉智慧停车场的市场环境及需求；
（2）掌握智慧停车场关键设备的选型方法；
（3）熟悉智慧停车场关键设备的相关参数；
（4）掌握网络架构设计的方法。

【任务实施】

5.1　需求分析

1. 市场分析

目前中国智能停车场设备的市场规模有 50 亿，并以 20% 的速度在快速增长。在国内汽车保有量的不断攀升以及国内停车位仍然存在极大缺口的背景下，"停车难、停车乱"已成为交通拥堵的主要原因之一，当前除限行、限牌外，智慧停车是解决交通拥堵的重要手段。

每 100 辆机动车应拥有 45 个公共停车位，而国际通行标准城市的机动车保有量与停车位总数之比最低应为 1∶1.2，所以国内停车位数量不论按何种标准都存在极大的缺口，大型城市需求尤其明显。严重失衡的比例导致停车位成为"香饽饽"，因此，停车场及相关管理系统必将出现井喷式发展。

2. 功能需求分析

本项目智慧停车场示意图如图 5-17 所示，其主要功能如下。

1）设备管理
设备管理的功能是对出入口和控制器等硬件设备的参数和权限组等进行设置。

2）报表功能
生成程式报表，以进行统计和结算。

3）无线方式控制
无线控制要具有起、落、停的功能。

4）App 的维护与设置

可对 App 自身的参数和状态进行修改、设置和维护，包括口令设置、修改软件参数、系统备份和修复、进入系统保护状态等。

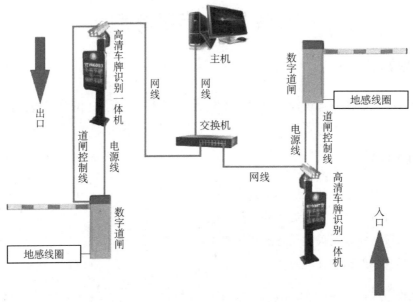

图 5-16　智慧停车场示意图

5）实时监控

实时监控是指每当读取器探测到智能卡出现，立即向计算机报告的工作模式。在计算机的屏幕上实时显示各出入口驾驶员的卡号、状态、时间、日期、个人信息。

6）停车种类、收费类型可自由选择

根据停车种类及收费类型和卡片记录的进场时间，能自动计算收费金额，同时保存进出场记录。

3. 性能需求分析

对于智慧停车场，用户对性能的需求主要表现在 4 个方面。

1）灵活性

灵活性要求系统出错有语音提示，系统操控可人为操控，系统可自检并恢复正常状态。

2）时间特性

时间特性包括记录车辆进出的时间，车辆出入时射频反应时间，抬、落杆反应时间等。

3）可扩展性

这要求通信接口要统一，并需要通信接口留有更新系统的接口。

4）精度

精度包括读卡与感应距离精确到米，进出时间精确到秒。

5.2　关键产品选型

智慧停车场的设备，可按表 5-3 所示示例进行选择。

表 5-3　智慧停车场设备选型示例表

序　号	名　　称	型　　号
1	易云一卡通系统	V1.0
2	高清车牌识别一体机	KD-PS1718
3	数字道闸	KD-PD202
4	车辆检测器	KD-TS02
5	车位引导屏	MiYi
6	车位维护器	KD-TCW201
7	车位检测器	KD-TCJ101
8	车位指示灯	KD-TCZ110
9	车位控制器	KD-TCK102

5.3　网络架构设计

智慧停车的"智慧"就体现在："智能找车位+自动缴纳停车费"。

智慧停车的目的是让车主更方便地找到车位，包含线下、线上两方面的智慧化。线上智慧化体现为车主用手机 App、微信、支付宝，获取指定地点的停车场、车位空余信息、收费标准、是否可预订、是否有充电、共享等服务，并实现预先支付、线上结账功能。线下智慧化体现为让车主更好地停车入位。

1. 智慧停车场的主要系统功能

智慧停车场是由 4 个子系统组成的，分别为资讯管理系统、I/O 控制系统、车牌识别系统、智慧停车引导系统。智慧停车场是通过计算机、网络设备、车道管理设备搭建的一套对停车场车辆出入、场内车流引导、停车费收取工作进行管理的网络系统。将无线通信技术、移动终端技术、GPS 技术、GIS 技术等综合应用于城市车位的采集、管理、查询、预订与导航服务，实现车位资源的实时更新、查询、预订与导航服务一体化。

（1）资讯管理系统：主要用来处理停车场内关于车辆管制、停车费用及场地管理等问题。

（2）I/O 控制系统：主要用来控制停车场内的硬件设备，如控制闸门与照明设备开启、关闭等。

（3）车牌识别系统：主要以摄像机结合车牌识别软件对停车场内的所有车辆进行管控。

（4）智慧停车引导系统：主要通过实时信息反馈和指示，帮助车辆快速高效找到可用车位。

2. 智慧停车场的网络架构

以下两种网络架构和网络架构拓扑图在智慧停车管理项目中都是可行的，具体哪一种由用户选择或根据现场情况由厂商推荐，在方案设计阶段需要向用户介绍。

互联网停车系统网络架构如图 5-17 所示，通过交换机与计算机相连，再与互联网云车场管理平台及其他停车场联系。

干路型停车系统网络架构如图 5-18 所示，它是一种干路型网络架构，各管理终端设备通过交换机和主干光纤与核心交换机相连再接入云计算机中心，或者通过防火墙系统与路由器连接到互联网实现远程控制。

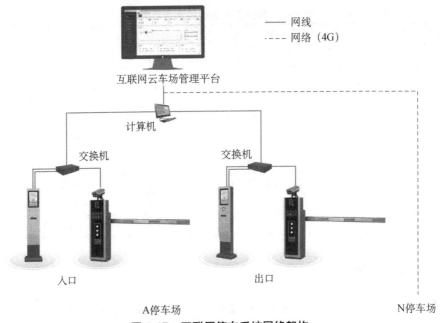

图 5-17　互联网停车系统网络架构

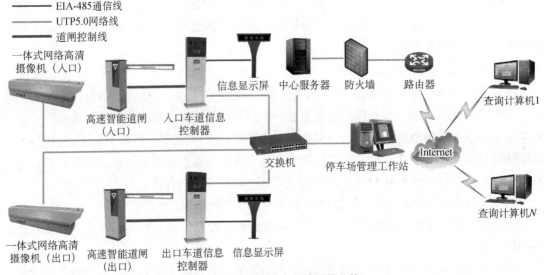

图 5-18　干路型停车系统网络架构

我们这里介绍两种比较典型的智慧停车管理系统的主要流程。

第一种智慧停车管理系统的主要流程如图 5-19 所示，当车辆入场时，首先进行车牌识别，对有车牌的，提供车牌识别结果，然后将入场信息保存到服务器，自动开闸入场。而对无车牌或识别不成功车辆，则由系统提示车主取纸票入场，在通道机取纸票自助入场后，生成虚拟车牌，将入场信息保存到服务器，自动开闸入场。

第二种智慧停车管理系统的主要流程如图 5-20 所示，当车辆入场时，进行车辆识别，对无牌车进行自助验票，然后与场内车辆数据库匹配，再根据匹配状态，如果完全匹配，则开始计算收费，若未完全匹配，则通过无人值守望智能算法，计算出最优匹配结果，进行计算收费。如果车辆已提前缴费的，则检查是否超时，若未超时，离场时自动放行，车辆出场。若未提前缴费或缴费已经超时的，车主可自助扫码缴费，或根据通道机弹出超时金额缴费码进行扫码缴费，完成后系统自动放行。

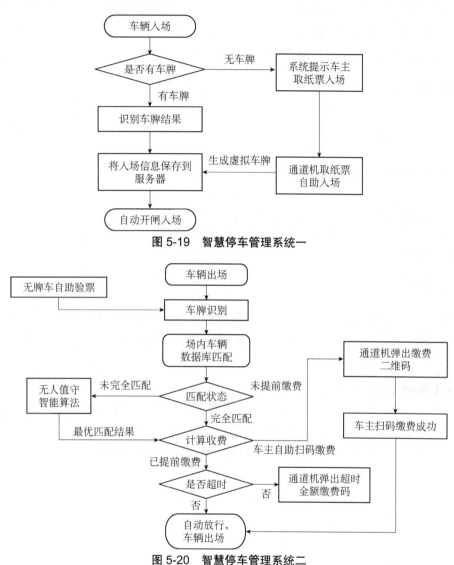

图 5-19　智慧停车管理系统一

图 5-20　智慧停车管理系统二

任务 5.2　实施与部署

【任务规划】

本任务为硬件设备的安装及软件部署，包含硬件设备的安装、接线和参数配置，软件的安装及参数设置。通过完成本任务，让读者学会高清车牌识别一体机、车辆检测器、地感线圈、数字道闸、车位引导屏和车位控制器等的安装及配置，并熟悉综合布线的相关规范。

【任务目标】

（1）掌握智慧停车场各设备的安装部署；

（2）掌握设备完好性检测的流程；

（3）熟悉综合布线的相关规范；

（4）能够配置智慧停车场各设备的相关参数。

【任务实施】

5.1　设备检测

设备检测步骤参考项目一任务 1.2 内容。

5.2　设备安装

1. 安装流程

严格按安装流程进行施工安装，将系统搭建成功；经过运行、调整，实现智慧停车场的智能车位引导。

智慧停车场的设备安装流程为：高清车牌识别一体机安装—车辆检测器安装—地感线圈安装—数字道闸安装—车位引导屏安装—超声波探测器/车位指示灯安装—车位控制器（也叫多路视频服务器）安装。

2. 安装设备

1）高清车牌识别一体机安装

（1）将高清车牌识别一体机立放在地面或安全岛上；

（2）根据客户要求及现场情况，摆好高清车牌识别一体机的位置；

（3）取下面板，用铅笔在固定孔上画好螺丝的位置；

（4）用 $\Phi14$（单位为 mm）的冲击钻头打好固定螺丝，用 $\Phi12$（单位为 mm）膨胀螺丝固定闸机，每个螺丝上一定要加装垫片、簧垫。

高清车牌识别一体机一定要用棉布擦拭干净，保持清洁。

2）车辆检测器安装

车辆检测器直接放在数字道闸箱内根据接线图将数字道闸控制板等设备接好即可。车辆检测器接线图如图 5-21 所示。

3）地感线圈安装

安装好车辆检测器后，就可以进行地感线圈的安装了，通常探测线圈应该是长方形。两条长边与车辆运动方向垂直，间距建议为 1m，长边的长度取决于道路的宽度，通常两端比道路间距窄 0.3m 至 1m。50cm 槽应该避开金属、电源等物体以避免车辆检测器主机死机，如果有两个地感线圈，其间距要大于 2m 避免两线圈发生干扰。地感线圈安装示意图如图 5-22 所示。

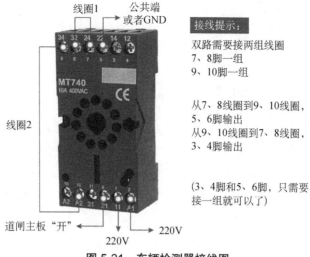

图 5-21　车辆检测器接线图

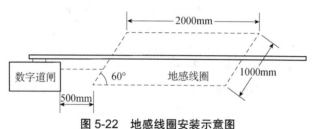

图 5-22　地感线圈安装示意图

4）数字道闸安装

数字道闸如图 5-23 所示，将数字道闸平放在地面或安全岛上，参照现场情况，摆放好，打开数字道闸的门，用铅笔在固定孔上画好固定螺丝的位置，将数字道闸移开，用 Φ14（单位为 mm）的冲击钻头打好固定螺丝，但注意安装位置下的管线不要损坏，再用 Φ12（单位为 mm）膨胀螺丝固定闸机，每个膨胀螺丝上一定要加装垫片、簧垫，固定好闸机后，闸机一定要用棉布擦拭干，保持清洁。

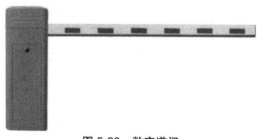

图 5-23　数字道闸

5）车位引导屏安装

（1）安装前需准备如图 5-24 所示的 50mm×50mm×5mm 型角钢和长度为 4m、直径为 Φ20（单位为 mm）的 KBG 管导线管，在图示位置开直径为 10mm 的孔。

（2）按照安装示意图（如图 5-25 所示）安装车位引导屏，将 AC220V RVV3×1.5 电源线、网线（或 RVS2×0.75 双纹线）穿过金属软管，从桥架引入车位引导屏箱体中，并与车位引导屏的电源、网络接口相连，就完成了安装。

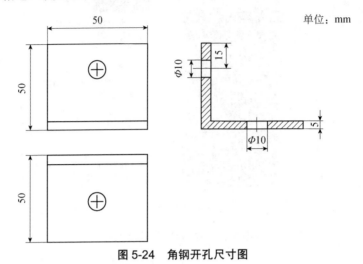

图 5-24　角钢开孔尺寸图

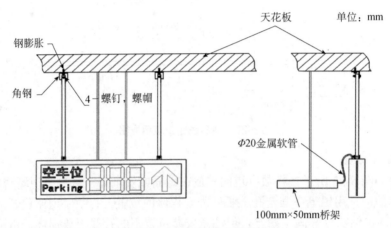

图 5-25　车位引导屏安装示意图

6）车位探测器安装

车位探测器安装在靠道路端（非橡胶挡轮端），使用桥架固定，车位探测器与桥架垂直；车位探测器需距地面 2.0～3.5m。车位探测器安装示意图如图 5-26 所示。

（1）当前车位对面无车位，安装在 X 方向轴车位中线上。

（2）当前车位对面有车位时，此时安装在 X 轴方向车位中线一旁。

Y 方向轴应该靠车道端，距车位线 2.0～3.5m 范围内。

注意不能安装在日光灯管正下方，水平距日光灯管距离大于 20cm，但必须满足驾车者在距本车位沿车道 30m 以外处能看到车位探测器指示灯的状态，不能被柱子等物体挡住视线的要求。

7）车位控制器安装

车位控制器安装高度图如图 5-27 所示，它的安装流程如下。

（1）根据安装高度，打直径 $D=8$mm 的钢膨胀预孔；

（2）在预孔中打入 $D=8$mm 钢膨胀；

（3）用垫圈、螺帽固定好控制器；

（4）上好紧定管。

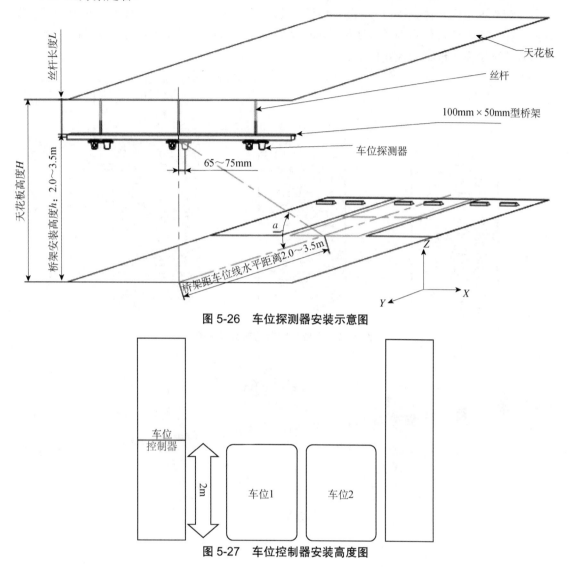

图 5-26　车位探测器安装示意图

图 5-27　车位控制器安装高度图

安装直径为 2cm 左右的安装孔，对称宽为 196mm，对称高为 242mm，车位控制器的安装步骤图如图 5-28 所示。

5.3　综合布线

1. 布线图

智慧停车场的施工布线如图 5-29 所示。

2. 布线步骤

布线的步骤是高清车牌识别一体机—数字道闸—车辆检测器—车位引导屏—车位探测器—车位控制器。

下面介绍每个设备的布线方式。

1）高清车牌识别一体机

高清车牌识别一体机接口如图 5-30 所示，摄像机在使用过程中默认使用视频流识别触发模式，在方案设计过程中为了实现摄像机能实时检测到车辆的状态，在施工部署时必须将地感信号接到摄像机地感输入端口上。

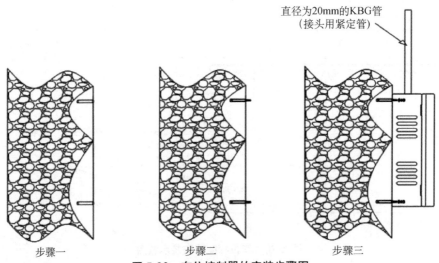

图 5-28 车位控制器的安装步骤图

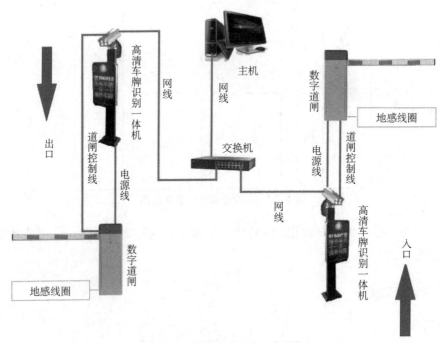

图 5-29 智慧停车场施工布线图

2）数字道闸

数字道闸接线图如图 5-31 所示，"12V"和"地感"接高清车牌识别一体机，"地感"和"公共"接车辆检测器的 3 和 4 端口。

图 5-30　高清车牌识别一体机接口示意图

电源：接220V

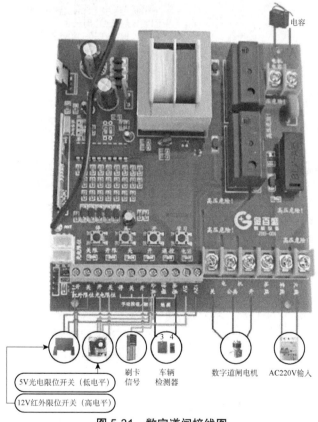

图 5-31　数字道闸接线图

3）车辆检测器

车辆检测器接线图如图 5-32 所示。

（1）图 5-32 上 7 和 8 接地感线圈；

（2）图 5-32 上和 4 接入数字道闸外部输入控制信号；

（3）图 5-32 上 1 和 2 接入 220V 电源。

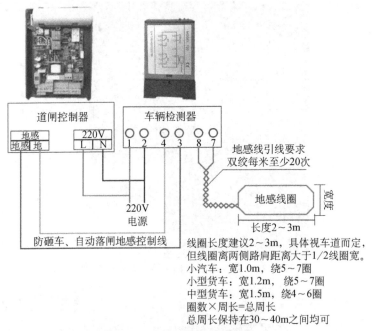

图 5-32　车辆检测器接线图

4）车位引导屏

车位引导屏接线图如图 5-33 所示。

（1）电源线：将 AC220V RVV3×1.5 电源线接入车位引导屏箱体内的空气开关，地线接车位引导屏箱体。

（2）车位引导屏连接位置：车位引导屏可连接在整个通信线路中任何位置。

（3）车位引导屏连接在车位探测器尾端。

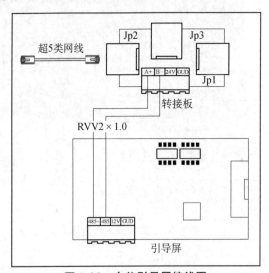

图 5-33　车位引导屏接线图

5）车位探测器

车位波探测器接线图如图 5-34 所示。

（1）每个多路视频服务器可连接四路探测器，每路探测器最多可连接 12 个视频探测器。

（2）车位探测器与多路视频服务器间采用网线连接，车位探测器之间同样采用网线连接。

（3）此处的网线作为 EIA-485 通信线、图像传输信号线和电源线使用。

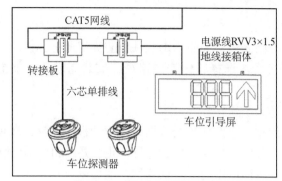

图 5-34　车位探测器接线图

6）车位控制器

（1）按图 5-35 所示，将多路视频服务器通过交换机连接到中央服务器。

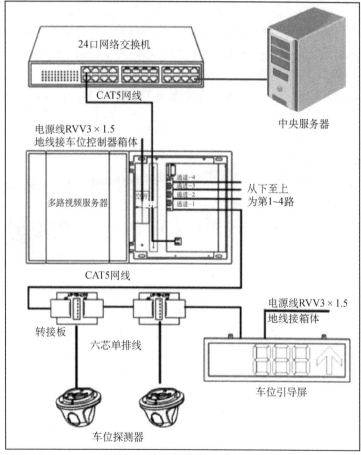

图 5-35　车位控制器安装接线图

（2）将连接车位探测器和多路视频服务器的网线插入对应 RJ45 接口（从下至上依次为通道 1、通道 2、通道 3、通道 4）。

（3）将 AC220V 电源线（RVV3×1.5）接入空气开关，地线接箱体外壳。

5.4 软件部署

1. 软件安装

1）安装

（1）双击安装文件开始安装，关闭杀毒软件及防火墙服务。

（2）关闭防火墙服务后，选择软件安装路径，安装完成后，单击"完成"按钮。

2）创建数据库

（1）打开智慧停车场系统软件。

（2）创建数据库。创建一个停车场的数据库，驱动程序按默认选项即可。

（3）设置服务器名。服务器名即服务器地址，也就是本机的 IP 地址。

（4）设置数据库名。我们可以使用默认名称，也可以自行修改。

（5）设置账号及密码。

（6）连接测试。

设置完成后我们单击"连接测试"按钮，数据库连接完成。

3）软件设置

打开智慧停车场系统，系统默认的账号是没有密码的，直接登录即可。

进入智慧停车场系统之后，会弹出一个向导提示，可以根据系统的需求来进行设置。直接单击"下一步"按钮，后期这些内容也可以根据使用需求进行单独设置，最后单击"完成"按钮，进入系统界面，智慧停车场系统就安装完成了，后续自行对系统进行配置以及添加摄像头信息等。

2. 软件操作

1）基本操作

（1）重新打开智慧停车场系统软件，密码为空，登录系统。

（2）弹出向导设置，根据需求设置。

（3）系统主要分为 6 大模块：系统管理、人事管理、车牌管理、车场管理、报表查询、摄像机管理。

向导设置流程：该界面为用户提供快速配置向导，使配置更加便捷。

向导设置流程依次为系统模式设置、摄像机添加、车道配置、识别参数设置、脱机功能设置、收费标准设置（完成），将以上向导界面的参数设置完成，系统方可正常运行。

向导设置第一个界面有"取消"按钮可直接单击退出，其他界面均只能单击"上一步""下一步""跳过"按钮进行操作，直至向导配置完成。

车牌管理模块如图 5-36 所示，有车牌登记、车牌充值延期、黑名单登记、脱机车牌下载、固定车期限查询等选项。

2）车牌登记

可用于登记月租车、储值车和免费车的车辆信息，在界面输入相关信息单击"保存"按钮即可。

图 5-36　车牌管理模块

新增：添加新的车牌信息。

保存：保存输入的新车牌信息。

注销：注销已登记的车牌信息。

打印小票：登记完之后，打印小票。

退出：退出车牌登记界面。

添加人事信息：进入人事管理界面，添加详细人事信息。

3）车牌充值延期

在智慧停车场系统界面中双击"记录"按钮，弹出"车牌充值延期"窗口，如图5-37所示。该界面为固定车提供充值延期功能，根据"车牌号码""人员编号""人员姓名""家庭住址""车场车位"可快速查询需要充值延期的车牌号码。

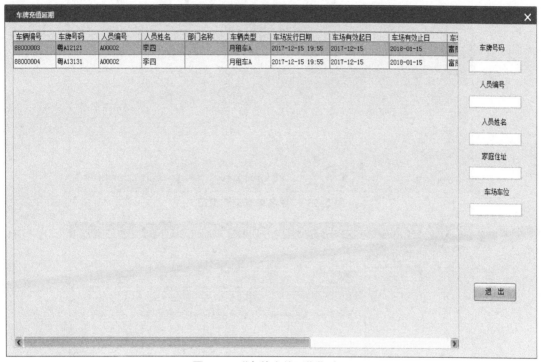

图5-37　"车牌充值延期"窗口

4）黑名单登记

当遇到逃单等特殊情况不方便车辆进出停车场时，可以将其添加至黑名单，同时将该黑名单下载到控制机，无论是脱机还是在线监控状态，摄像机都会识别该车牌，均不会让该车牌进出场，"黑名单登记"窗口如图5-38所示。

5）脱机车牌下载

将固定车信息下载到控制机或摄像机中，在脱机情况下，进行车辆进出场管理。"脱机车牌下载"窗口同时包含了两个子界面："控制机下载"界面和"摄像机下载及设置"界面。"脱机车牌下载"窗口如图5-39所示。

车牌下载：新增车辆信息之后，单击此按钮将固定车信息下载至所选车道的控制机或计费型摄像机中。

重新下载：重新将数据库中固定车信息下载至所选车道的控制机或计费摄像机中。

注销下载：将注销的固定车信息下载至所选车道的控制机或计费摄像机中。

查询：查询某个固定车信息下载情况，确保车辆信息成功下载。

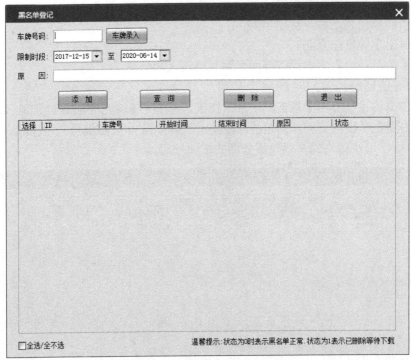

图 5-38 "黑名单登记"窗口

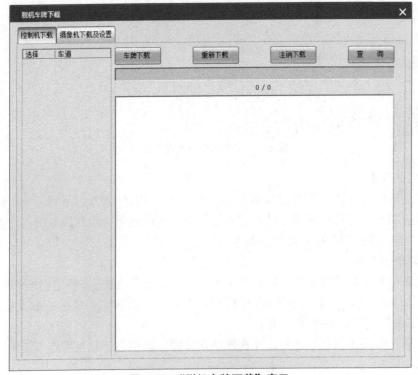

图 5-39 "脱机车牌下载"窗口

6）固定车期限查询

通过"固定车限期查询"窗口对停车场所有固定车期限按一定条件进行查询，支持导出查询的结果，如图 5-40 所示。

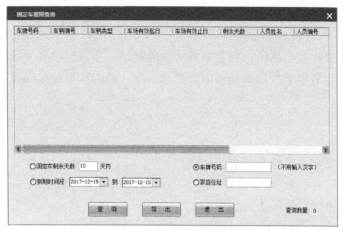

图 5-40　"固定车期限查询"窗口

查询方式一：选择"固定车剩余天数"单选按钮，输入到期的天数，单击"查询"按钮。

查询方式二：选择"到期时间段"单选按钮，选择到期时间段，单击"查询"按钮。

查询方式三：选择"车牌号码"单选按钮，输入车牌号码某几位或全部，单击"查询"按钮。

查询方式四：选择"家庭住址"单选按钮，输入家庭住址的部分文字或全部，单击"查询"按钮。

7）车牌批量管理

"车牌批量管理"窗口如图 5-41 所示，右侧选择一定查询条件，单击"查询"按钮查询需要执行批量操作的车牌，再勾选需要执行批量操作的车牌，即可进行以下操作：

（1）批量延期；

（2）批量注销；

（3）批量更改机号；

（4）批量导入。

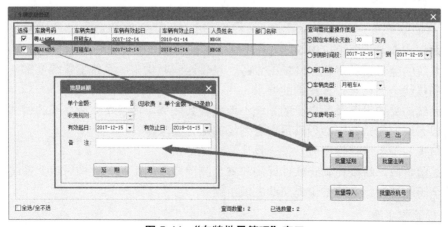

图 5-41　"车牌批量管理"窗口

任务 5.3　验收与运维

【任务规划】

本任务为系统的验收与运维，包含系统的功能测试、项目验收和系统运维，通过完成本任务，让读者学会智慧停车场功能测试的步骤及方法，熟悉项目验收的流程，基本具备系统运维的能力。

【任务目标】

（1）能够对智慧停车场的功能进行测试；
（2）能够完成项目验收；
（3）初步具备系统运维能力。

【任务实施】

5.1　系统功能测试

1. 测试步骤

测试过程按 3 个步骤进行，即单元测试、集成测试、系统测试，根据不同阶段测试的侧重点不同。

具体测试步骤如下所示。

（1）单元测试：对各子系统功能点测试，保障功能可用。
（2）集成测试：保证系统整体业务流程可以走通。
（3）系统测试：系统性能测试，确保系统稳定可用。

2. 编写测试报告

按要求编写测试报告，注意格式要规范，测试时要根据实际情况编写。

5.2　项目验收

1. 工程验收要求

应遵循如图 5-42 所示的 GB 50300—2013《建筑工程施工质量统一标准》相关内容。

（1）系统的全部设备，包括现场的设备、设备连线、供电、系统配置等全部安装完毕，线路敷设和接线全部符合设计图纸的要求。

（2）系统的受控设备及其自身的系统不但要安装完毕，而且单体或系统的调试结束；同时其设备或系统的测试数据必须满足自身系统的工艺要求。

（3）检查各子系统建设完成且符合设计要求。

（4）终验阶段，将委托具有软件评测和安全测评资质的第三方机构对整个系统进行软件测评和安全验收测评，并将结论提交业主及监理。

2. 工程验收步骤

（1）确定验收标准：本工程按国家有关工程施工、验收规范和施工质量验收统一标准进行检测和验收。

（2）验收流程图：系统安装、移交和验收工作。即设备安装、系统检测、交验、初验测试，如果不合格，需要重新调试、交验，合格则进行试验运行移交准备，试验运行移交、试运行可靠测试，然后完成最终验收。

图 5-42　GB 50300—2013《建筑工程施工质量统一标准》

（3）系统功能测试：对系统的各项功能进行全面的测试，确保系统能够正常运行。这包括车辆入场、出场、停车计费、停车位管理、报表统计等功能的测试。测试过程中需要模拟各种场景，如高峰时段、低峰时段、故障情况等，以确保系统在各种情况下都能够正常工作。

（4）系统性能测试：对系统的性能进行测试，包括响应时间、并发处理能力、数据处理速度等方面。测试过程中需要模拟大量车辆进出停车场的场景，以验证系统在高负载情况下的性能表现。

（5）系统集成测试：对系统与其他相关系统（如门禁系统、监控系统等）的集成情况进行测试，确保各个系统之间的数据交互和功能协同工作正常。

（6）用户验收测试：邀请实际用户参与测试，收集用户的使用反馈，评估系统的易用性、稳定性和满足用户需求的程度。用户验收测试可以通过问卷调查、访谈等方式进行。

（7）安全性测试：对系统的安全性进行测试，包括数据安全、访问控制、防火墙等方面。测试过程中需要检查系统是否存在安全漏洞，以及系统在遭受攻击时是否能够及时发现并采取相应的防护措施。

（8）系统文档审查：对系统的技术文档、操作手册等进行审查，确保文档内容完整、准确，便于用户和运维人员了解和使用系统。

（9）培训与交付：对用户进行系统操作培训，确保用户能够熟练使用系统。同时，将系统正式交付给用户，完成项目验收。

5.3　系统维护

设备在运行中的时候，需要经常进行维护和维修。

1. 常见故障

常见故障现象有：数据库无法连接；软件无法打开；摄像机连接不上，进行不了 Web 平台设置；登录摄像机 Web 平台后，没有图像；提示控制机不通信；系统脱机时，临时车出场语音播报"车牌不符"。

2. 故障分析及排除

针对不同的故障现象，需要分析不同的原因，并进行相应的检查，最后排除故障。

1）数据库无法连接

（1）原因 1：Server SQL 服务管理器未启动，Server SQL 数据库未安装好。

处理方法：正确安装 Server SQL 数据库，启动 Server SQL 服务管理器，不要随意更改计算机名。

（2）原因 2：服务器名、数据库名、登录账户或登录密码错误。

处理方法：检查服务器名、数据库名、登录账户、登录密码，输入正确的信息。

（3）原因 3：防火墙服务未关闭。

处理方法：关闭防火墙服务后重新连接数据库。

2）软件无法打开

（1）原因 1：数据库、系统必备软件、Flash 控件没安装。

处理方法：正确安装 Server SQL 数据库、系统必备软件和 Flash 控件。

（2）原因 2：软件没安装好。

处理方法：关闭防火墙和杀毒软件服务后重装软件。

（3）原因 3：没有权限导致无法访问软件。

处理方法：以管理员身份安装软件，以管理员身份启动软件。

3）摄像机连接不上，进行不了 Web 平台设置

（1）原因 1：IP 地址不对。

处理方法：检查摄像机 IP 地址，可以用高清车牌识别一体机配置工具搜索 IP 地址。

（2）原因 2：计算机的 IP 地址冲突。

处理方法：在网络和共享中心修改计算机的 IP 地址。

（3）原因 3：交换机或网线故障。

处理方法：更换网线或交换机。

（4）原因 4：摄像机 IP 地址冲突。

处理方法：更改摄像机 IP 地址。

（5）原因 5：摄像机和计算机的 IP 地址不在同一网段。

处理方法：在网络和共享中心修改或者添加计算机 IP 地址，保证与摄像机的 IP 地址在同一网段。

（6）原因 6：计算机系统或浏览器有问题。

处理方法：尝试换一台计算机登录。

4）登录摄像机 Web 平台后，没有图像

（1）原因 1：摄像机控件没安装。

处理方法：安装控件，升级 Flash 控件。

（2）原因 2：计算机 IE 浏览器版本问题。

处理方法：将计算机 IE 浏览器版本升级为 IE 9，或安装 360 浏览器。

5）提示控制机不通信

（1）原因 1：IP 地址不通信。

处理方法：打开命令运行窗口，Ping 一下控制机 IP 地址看能否 Ping 通。Ping 不通需检查网线、交换机，其 IP 地址是否与计算机的 IP 地址在同一网段。

（2）原因 2：机号和 IP 地址错误。

处理方法：检查车道 IP 地址设置是否与主板一致，机号是否匹配。

（3）原因 3：车道配置通信方式不对。

处理方法：在系统设置中把控制机通信方式选成 TCP 后，将车道删除后重新添加。

（4）原因 4：系统设置勾选了"启用计费型摄像机"选项。

处理方法：将"启用计费型摄像机"选项取消勾选后重启软件。

（5）原因 5：软件狗没插上。

处理方法：插上软件狗。

（6）原因 6：软件或者软件狗与主板不匹配。

处理方法：重新安装与主板匹配的软件。

6）系统脱机时，临时车出场语音播报"车牌不符"

（1）原因 1：没启用临时车脱机功能。

处理方法：在"车牌管理"中单击"脱机车牌下载"选项，全选临时车牌下载后单击"设置"按钮进行保存，设置之后入场的临时车才能脱机出场。

（2）原因 2：找不到入场记录，入场或出场识别错误。

处理方法：重新入场，再出场，在浏览器中查看入场或出场是否识别错误。

项目拓展

一、选择题

1. ETC 系统是通过（　　）射频卡的信息，实现车辆在快速移动状态下的自动识别从而实现目标的自动化管理。

A. 远距离、非接触式采集　　　　　　B. 近距离、接触式采集
C. 远距离、接触式采集　　　　　　　D. 近距离、非接触式采集

2. 车牌识别技术的号牌颜色识别率应不低于（　　）。

A. 85%　　　　　B. 80%　　　　　C. 90%　　　　　D. 100%

3. 车位探测器与多路视频服务器之间采用（　　）连接。

A. 光纤　　　　　　　　　　　　　　B. 同轴电缆
C. 网线　　　　　　　　　　　　　　D. VGA 视频线

4. 智能交通的管理对象包括（　　）。

A. 人　　　　　　B. 车　　　　　　C. 路　　　　　　D. 以上都是

5. 我国电子车牌的工作频段是（　　）。

A. 低频　　　　　B. 高频　　　　　C. 超高频　　　　D. 微波

二、填空题

1. OCR 是（　　　）技术。

2. 电子不停车收费系统的英文名称是（　　　）。

3. OCR 车牌识别工作流程：图像采集、（　　　）、车牌定位、（　　　）车牌是否需要校正（　　　）、字符识别和识别结果输出。

4. 智慧停车场由 4 个子系统组成，分别为资讯管理系统、I/O 控制系统、（　　　）和智慧停车引导系统。

5. 高清车牌识别一体机的工作电压为（　　　）。

三、判断题

1. 光学字符识别，即 OCR，是将纸介质上的印刷体文字符号自动输入计算机并转换成编码文本的一种技术。（　　　）

2. 车位检测器必须由地感线圈触发。（　　　）

3. 智慧停车场的主要功能是车辆出入口通道管理、停车计费、车库内外行车信号指示。（　　　）

4. ETC 不能独立工作，需要工作人员在一旁协作。（　　　）

5. 车位引导屏可以兼容超声波车位引导系统与视频车位引导系统，接收集中控制器的输出信息，以数字、箭头等形式显示该智慧停车场区域的空车位数，引导车主快速找到空车位，保证停车场收费系统的畅通和车位充分利用。（　　　）

四、简答题

1. 什么是 OCR？OCR 系统由哪几部分组成？

2. ETC 的功能有哪些？

五、综合题

1. 如果需要搭建一个简易的车牌识别门禁系统，你觉得需要哪些设备？它们应该怎么连接？请绘制接线图。

2. 某停车场需要对原有的简易自动停车系统进行升级，主要是想加装一套车位控制器，请你设计出施工拓扑图。

项目六
门禁系统工程项目实践

 项目导入

门禁系统解决了重要场所的安全问题，主要是对人员进行安全、有效地出入控制。联网工作状态下，门禁系统可管理的门禁控制器数量不限，可断网工作，终端可采用刷卡、人脸识别、二维码扫描、指纹识别、按键、蓝牙等身份验证方式，每次开门记录均可明确区分合法开门、非法开门和试图开门等情况，以备管理人员随时查询；拥有完善的授权认证机制，对各类持卡人员进行有效的出入控制，联网时会将终端数据传回主机。

项目目标

1. 任务目标

根据所学的内容，完成一个特定场景门禁系统的方案设计，硬件设备的安装、调试，软件环境的安装、部署和测试，并完成系统验收。

2. 能力目标

（1）能够设计特定场景下门禁系统方案，并编写设计文档；

（2）能够根据场景及需求进行设备选型和网络架构设计；

（3）能够完成硬件设备的安装、接线和配置；

（4）能够完成系统软件的安装、配置和调试；

（5）能够对门禁系统进行系统测试，并编写测试报告；

（6）能够对门禁系统软件进行配置，并能排除常见故障；

（7）在工程项目实施过程中，具备"6S"管理意识；

（8）具备沟通、协调和组织能力，能够以团队合作方式开展工作。

3. 知识目标

（1）掌握需求分析的基本方法；

（2）熟悉门禁系统的整体结构；

（3）掌握门禁系统的分类，熟悉生物识别门禁、RFID 门禁、智能门禁等常用门禁类型的优点、缺点；

（4）了解 EIA-485 与 TCP/IP 的区别，理解生物识别门禁的工作原理；

（5）掌握门禁系统常见的网络架构；

（6）掌握门禁系统各个设备的接线方法；

（7）掌握门禁系统软件的配置方法；

（8）掌握门禁系统故障的排查方法。

4. 任务清单

本项目的任务清单如表 6-1 所示。

表 6-1　任务清单

序　号	任　务
任务 6.1	方案设计
任务 6.2	实施与部署
任务 6.3	验收与运维

项目相关知识

6.1　门禁系统

门禁系统涉及人员流动、物品流动和信息流动。

（1）人员流动：管控人员出入，是门禁系统的核心功能。

（2）物品流动：人员可能会携带物品出入，通过在通道增加 RFID 读卡器以及在物品上贴上电子标签的方法，能实现物品的防盗。

（3）信息流动：出入记录数据会从门禁的控制器上传到中心服务器，并支持记录的查询与浏览，在控制器、服务器及查询终端等设备之间流动。

电控锁门禁系统主要由识读部分、传输部分、管理部分、控制部分、执行部分及相应的系统软件组成。其中，最小门禁系统可以没有管理部分及系统软件，即只有门禁控制器、门禁读卡器、电控锁及开门按钮。识读部分采集身份信息，传输至控制部分，由门禁控制器完成授权，并发出指令到执行部分。如果控制部分包括多个门禁控制器，门禁控制器还需要通过传输部分与管理部分进行信息交互，由此可通过系统软件对所有门禁控制器进行统一协调管理。下面介绍门禁系统的关键部件。

1. 门禁卡

门禁卡是对受控人员的身份标识，可分为接触式和非接触式两种，其中，非接触式卡有 EM 卡、HID 卡、MIFARE 卡、LEGIC 卡、TEMIC 卡等，现如今在国内的办公大楼中大多采用 EM 卡、HID 卡，也有的采用 MIFARE 卡、TEMIC 卡。

2. 门禁读卡器

根据自动识别技术的不同，门禁读卡器也有多种类型，通常与信息载体有关。例如，RFID 门禁读卡器、密码识别装置，而在一些高档的和机要的出入口，则采用指纹仪和掌形仪等生物识别设备来作为终端识别装置。

3. 电控锁

电控锁是一种由电信号控制的机械单元。根据不同的工作原理，可分为电插锁、电磁锁、阴极锁等几种。

4. 门禁控制器

门禁控制器是门禁系统的核心部件，它由一台微处理机和相应的外围电路组成。如果将门禁读卡器比作系统的眼睛，将电控锁比作系统的手，那么门禁控制器就是系统的大脑，由它来决定某一张门禁卡是否为本系统已注册的有效卡，该门禁卡是否符合所限定的时间段，从而控制电控锁是否打开。

6.2　关键产品选型

1. 门禁控制器

门禁控制器如图 6-1 所示，选型原则如下。

（1）选购具备防死机和自检电路设计的门禁控制器；

（2）选购具备三级防雷击保护电路设计的门禁控制器；

（3）注册卡权限及脱机记录的存储量足够大，且采用非易失性存储芯片；

（4）选用有配套管理软件的门禁控制器，最好能让厂家提供 SDK（软件开发工具包）以便二次开发。应用程序应该简单实用、操作方便；

（5）通信电路的设计应该具备自检测功能，适用大系统联网的需求；

（6）宜选用大功率知名品牌的继电器，并且输出端有电流反馈保护功能。

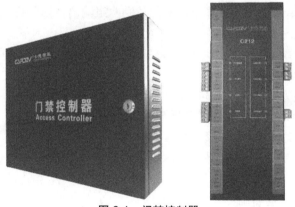

图 6-1　门禁控制器

门禁控制器应具备的功能指标如下。

（1）使用先进的 Linux 嵌入式操作系统，采用 ARM7 硬件平台，24 小时不间断工作，设备稳定可靠，方便设备扩展和系统在线升级。

（2）可以灵活设置每个用户的进门和出门权限以及该权限的有效时间段，门禁控制器设置完成后可完全脱机运行；

（3）数据实时上传，门禁控制器支持本地数据存储和数据上传；可通过计算机实时监控所有门的刷卡情况和进出情况，并确保门禁数据完整可靠。

（4）远程开、关门：在需要情况下，将门禁控制器的输出状态设置为常开或者常闭，此时刷卡无效。

（5）门状态监控：配备门磁后，控制器可检测门的开关状态并向计算机发送状态信息以便管理人员查询，或者在非法改变门状态时（未刷卡破门）发出报警信息。

（6）使用未授权的门禁卡，门禁控制器会向管理计算机发送报警信息，以提醒管理人员注意。通常情况下刷卡开门，外接专用密码门禁读卡器后允许使用"卡＋密码"开门功能，且每个用户的门禁密码可不同。

（7）无卡开门：允许少数特殊用户输入高级密码来开门，无须使用门禁卡。

（8）胁迫报警：持卡人被胁迫要求打开门的时候，可在密码键盘上输入胁迫密码，门打开的同时向管理计算机发出报警信息。

（9）首卡开门：在上班时拥有首卡开门权限的持卡人刷卡开门后，门保持打开状态，或其他人刷卡才有效，以保证公共场所的安全。

（10）联动功能：包括消防、灯光、监控、报警等功能；刷卡可控制灯光打开，驱动摄像机拍摄刷卡人，收到消防信号可打开全部电控锁，并通过警铃或警灯报警。

门禁控制器应具备的技术参数如下。

（1）含门禁控制器嵌入式程序 V3.0。

（2）通信方式：TCP/IP 通信。

（3）最大联网数：不限。

（4）发卡容量：4 万张。

（5）数据容量：20 万条。

（6）CPU 类型：32 位 ARM 处理器。

（7）数据保存：Flash 保存数据，掉电不丢失。

（8）信号输出：单门控制一组输出，双门控制两组输出，四门控制四组输出。

（9）输出延时：1～600s。

（10）读卡器连接数量：单门控制器最多连接两个读卡器，双门控制器最多连接四个读卡器，四门控制器最多连接四个读卡器。

（11）读卡器连接方式：WG26/34、EIA-485。

（12）读卡器连接距离：与控制器距离 30m 以内。

（13）工作电压：DC（直流）12V±5%，功耗＜3W。

（14）使用环境：温度为−20～60℃，相对湿度为 10%～90%。

2. 门禁读卡器

1）卡片读卡器的选型原则

（1）购买符合国际标准的 WG26 读卡器；

（2）根据门禁的实际用途选用 ID 卡读卡器或 IC 卡读卡器；

（3）无须选用封胶的读卡器。

2）生物读卡器的选型原则

（1）根据区域的安全防护等级确定所用技术，如指纹识别技术、人脸识别技术还是更高级的掌静脉识别技术。

（2）需要了解生物识别门禁识别设备的结构种类。一体机即生物识别前端和门禁控制集成在一个机壳内。一体机由于其控制部分和前端在一起，所以其产品的安全性有一定的局限性，在一些安全性要求高的场所必须慎重使用。

（3）单独的前端读取器，即生物识别的读头：它可以输出一个标准的读卡器连接格式，可以通过联网的方式（TCP/IP 和 EIA-485 的方式）进行指纹的上传、下载等，另外一些功能如在现有的 RFID 读卡器上增加指纹识别、防拆、逻辑互锁门等功能。

门禁读卡器有以下类型。

1）RFID 读卡器

RFID 读卡器如图 6-2 所示。

图 6-2　RFID 读卡器

RFID 读卡器的技术参数如下。

（1）读/写卡类型：符合 MIFARE 标准卡（S50、S70）、CPU 卡。

（2）工作频率：13.56MHz。

（3）读写时间：＜0.2s。

（4）读写距离：25～50mm。

（5）LED 灯和 Beeper 蜂鸣器状态提示。

（6）密码键盘输入：12 键、触控、常发光。

（7）输出格式：WG26/34、EIA-485。

（8）传输距离：≤100m。

（9）工作电压：DC12V±5%，功耗＜0.2W。

（10）使用环境：温度为−20～60℃；相对湿度为 10%～90%。

2）二维码读卡器

二维码读卡器（KD-ER80WG）如图 6-3 所示。

图 6-3　二维码读卡器（KD-ER80WG）

技术参数如下。

（1）体积：86mm×86mm×42mm（长×宽×厚）。

（2）材质：机身为 PVC 材质；识读窗为钢化玻璃。

（3）系统接口：韦根、EIA-485、EIA-232、USB、TCP/IP。

（4）解码支持：二维码、一维码。

（5）工作电压：支持 4～15V 宽幅电压输入。

（6）工作电流：800mA。

（7）读取方向：以镜头为中心点斜面 45 度。

（8）读取速度：＜200ms。

（9）读取距离：0～20cm。

（10）扫码特性：自动感应，蜂鸣提示。

（11）光源：自带 LED 光源，抗强光干扰。

（12）解码模式：影像解码。

（13）应用环境：温度为–20～70℃；相对湿度为 10%～90%。

（14）操作系统：Windows（XP、7、8、10）、Linux。

（15）指示状态灯：红色工作灯、绿色反馈灯、翠绿网络灯。

（16）读卡距离：3～6cm。

（17）读卡类型：非接触式 IC 卡、ID 卡。

3）蓝牙读卡器

蓝牙读卡器（KD-D30/31WG-B）如图 6-4 所示。

图 6-4　蓝牙读卡器（KD-D30/31WG-B）

功能特点如下。

（1）颠覆：颠覆传统读卡方式，只需手机摇一摇或单击 App 界面中"一键开门"或使用非接触式卡片，即可读卡进出门禁通道。

（2）创新：利用智能手机蓝牙通信技术，安全出入门禁系统。

（3）灵活：融合传统射频及手机蓝牙读卡技术，适合不同类型用户使用，系统无缝升级。

（4）安全：卡号唯一，与手机号码一致，切换手机号码需通过短信重新验证进行绑定。

（5）国际化：支持中文（包括简体和繁体）、俄语、西班牙语、英语。

（6）支持读取多种卡片 MIFARE 标准卡（S50、S70）、CPU 及国产兼容卡等，同时支持识别蓝牙信号。

（7）外接多种安防设备（门禁、通道等）。

（8）支持 WG26/34 协议。

（9）体积小，可以灵活放置在各种场所。

（10）带触摸按键功能，可以实现密码门禁开门功能。

（11）LED 灯和 Beeper 蜂鸣器状态提示。

（12）读卡时间短，间隔时间小于 0.1s。

技术参数如下。

（1）工作电压：9～12V（直流）。

（2）工作电流：平均值 50mA，峰值 100mA。

（3）工作频率：13.56MHz。

（4）通信方式：WG26/34。

（5）工作环境：温度为-20～65℃，相对湿度为0～95%。

（6）读卡距离：IC卡为1～5cm；蓝牙为0～10m。

（7）读卡器连接电缆：8芯屏蔽双绞线，最长100m。

（8）外形尺寸：86mm×86mm×86mm（长×宽×厚）。

（9）外形材料：ABS塑料。

（10）智能设备支持系统：支持带Bluetooth 4.0的Android 4.4+或iOS 7.0+。

4）指纹读卡器

指纹读卡器（KD-M-L435）如图6-5所示。

图6-5 指纹读卡器（KD-M-L435）

功能特点如下。

（1）支持云端部署，节省服务器费用，实现全区域跨网识别。

（2）既可以采用公有云部署，也可以采用私有云进行独立部署，无须局域网及内部VPN，即可实现跨网跨区域识别数据汇总。

（3）刷卡+指纹+地理位置，数据实时传输。

（4）多种识别方式并行，刷卡、指纹、手机地理打卡、Wi-Fi打卡，无论哪一种打卡方式，均可以实现数据实时上传。

（5）实现各区域、各分部独立管理，总部统一监管。

（6）分级权限管理，总部统一进行分权，总部可以统筹监管，通过云平台管理下属所有分部，下属分部则可以看到分部管辖内的员工，该模式则为集团分权管理模式。

（7）无论是独立部署还是使用云平台，均可实现基于手机App，使员工服务及时、管理层高效管控；具有Wiegand（韦根）in &out接口，既可外接读头也可作为门禁读头使用。

技术参数如下。

（1）产品颜色：哑黑。

（2）显示屏：2.4寸TFT高清彩屏。

（3）按键数：21键。

（4）工作电压/电流：12V/1A。

（5）识别方式：指纹、密码、ID卡。

（6）通信方式：TCP/IP、Wi-Fi、EIA-485。

（7）U盘上传下载数据功能：具备。

（8）采集仪：高硬度光学指纹采集仪。

（9）指纹容量：5 千枚。

（10）卡容量：5 千枚。

（11）用户数：5 千枚。

（12）管理记录容量：1 万条。

（13）记录容量：10 万条。

（14）指纹智能更新功能：具备。

（15）固件：内置云考勤固件/CS 固件。

（16）反应时间：≤1s。

（17）响铃功能：自带响铃、支持外接门铃。

（18）语音提示：高清晰人性化语音。

（19）韦根：（WG26/34）一路韦根输入，一路韦根输出。

（20）TTL 输入：一路门磁输入，一路开门按钮输入，一路火警联动输入。

（21）继电器输出：一路门锁继电器输出，一路报警继电器输出。

（22）门铃输出：一路有线门铃。

（23）报警功能：防拆报警，开门超时报警，强制开门报警，火警联动报警。

（24）整机尺寸：200mm×96mm×30mm（长×宽×厚）。

（25）有效采集面积：16mm×16mm。

（26）卡类定制功能：支持刷 UID 身份证、NFC 功能的定制开发。

3. 人脸识别智能终端

1）人脸识别智能终端 KD-AQ312H

人脸识别智能终端（KD-AQ312H）如图 6-6 所示。

产品简介：人脸识别智能终端（KD-AQ312H）是一款高性能、高可靠性的人脸识别产品，依托深度学习算法，具有识别速度快、准确率高的特点。支持人脸识别 1∶1 和 1∶N 模式，支持内置刷卡，可外接身份证阅读器。

产品特性：

（1）工业级设计，性能稳定，线条流畅；

图 6-6　人脸识别智能终端（KD-AQ312H）

（2）7英寸IPS全视角LCD显示屏；

（3）标配5万张人脸库（最大支持10万张）；

（4）识别准确率99.99%（1%误识率下识别通过率99.77%；0.1%误识率下识别通过率99.27%）；

（5）支持抗逆光；

（6）支持活体检测；

（7）内置刷卡，可外接身份证阅读器；

（8）支持Wi-Fi功能；

（9）识别速度小于1s。

技术参数如下。

（1）显示屏：7英寸IPS全视角LCD屏。

（2）采用RGB摄像机及红外摄像机识别。

（3）支持多种接口：包含1个串行通信接口、1路继电器输出、1路韦根输出、1个网络接口、1个复位接口、1个加热接口、1个刷卡接口、1个USB接口。

（4）人脸检测：同时检测跟踪5个人。

（5）人脸容量5万（最大支持10万）张人脸照片。

（6）部署方式：公网、局域网。

（7）操作系统：Linux。

（8）CPU：双核1.0T算力。

（9）存储容量：内存512MB，存储8GB。

（10）防护等级：IP42。

（11）电源：12V/2A（直流）。

（12）工作温度：-10～50℃。

（13）工作相对湿度：10%～90%。

（14）功耗：Max.24W。

（15）设备尺寸：247.40mm×127.00mm×21.10mm（长×宽×厚）。

2）人脸识别智能终端KD-AQ513B

人脸识别智能终端（壁挂式）（KD-AQ513B）如图6-7所示。

图6-7　人脸识别智能终端（壁挂式）（KD-AQ513B）

功能特点：

（1）支持考勤、门禁等应用模式切换；

（2）支持脱机人脸识别；

（3）支持双目活体检测，防止照片攻击；

（4）支持白名单通行、黑名单预警、陌生人抓拍、无感考勤；

（5）支持人脸识别和刷卡等多种门禁鉴权和无感考勤方式；

（6）自助人脸采集和批量导入名单，使名单管理更高效；

（7）选配 IC 刷卡模块，实现人卡比对通行和无感考勤；

（8）选配二维码识别模组，实现扫码通行；

（9）选配外接身份证阅读器，实现人证比对通行；

（10）选配 4G 模块，实现户外联网；

（11）支持云端管理和本地管理等多种管理模式；

（12）设备和接口丰富，具备继电器输出/门磁检测/韦根输出等接口，支持二次开发对接。

技术参数如下。

（1）尺寸：8 寸高清液晶屏。

（2）分辨率：1280 像素×800 像素。

（3）摄像头：双目摄像头，200 万像素。

（4）焦距：4.5mm。

（5）白平衡：自动。

（6）宽动态：支持。

（7）CPU：高性能嵌入式处理器。

（8）存储容量：内存 1GB，存储 8GB。

（9）刷卡：支持。

（10）二维码：选配。

（11）4G：选配。

（12）识别距离：0.3～3m（最佳识别距离 2m 以内）。

（13）识别时间：≤400ms。

（14）人脸库容量：1：N，N≤50000。

（15）准确率：≥99%。

（16）电源接口：1×DC12V，DC005 母头 2.1×5.5。

（17）USB 接口：1×USB2.0。

（18）继电器输出：1×开关量输出，2PIN 3.8 间距端子。

（19）网线接口：1×RJ45 网口。

（20）韦根输出：1×韦根输出 D0、D1、GND。

（21）IO 输入：1×备用 IO 输入，可配置为门磁信号输入。

（22）防水等级：IP65。

（23）工作温度：−10～55℃。

（24）工作相对湿度：10%～90%。

（25）安装方式：壁挂安装。

（26）设备尺寸：258mm×135.3mm×20.5mm（长×宽×厚）。

应用场景：

适用于办公区域、酒店、写字楼、学校、商场、商店、社区、公共服务及管理项目等需要用到人脸门禁的场所。

3）人脸识别智能终端 KD-AQ332H

人脸识别智能终端（KD-AQ332H）如图 6-8 所示。

图 6-8　人脸识别智能终端（KD-AQ332H）

功能特点：

（1）全新壁挂式工业设计，线条流畅；

（2）4 英寸 IPS 全视角 LCD 显示屏；

（3）识别准确率高达 99.99%；

（4）识别速度小于 0.7s；

（5）支持 5000 张人脸照片；

（6）支持活体检测；

（7）支持 Wi-Fi、蓝牙功能；

（8）可选配 IC 卡、NFC 卡等读卡功能。

技术参数如下。

（1）显示屏：4 英寸 IPS 全视角 LCD 屏。

（2）RGB 摄像头。

（3）红外摄像头。

（4）接口。

①串行通信接口：1 路 EIA-232，1 路 EIA-485。

②韦根输出：1 路 WG26/34。

③复位接口：Reset 线缆端按键。

④网络接口：1 路 RJ45，100MB/1000MB 自适应以太网口。

⑤USB 接口：1 路 Micro USB。

⑥报警接口：2 路报警输入。

（5）功能。

①人脸检测：同时检测跟踪 5 个人。

②识别准确率：99.99%。

③活体检测：支持。

④人脸容量：5000 张人脸照片。

（6）系统参数。

①操作系统：Android。

②CPU：8 核，1.5GHz。

③存储容量：内存 1GB/2GB，存储 8GB。

（7）常规参数。

①防护等级：IP42。

②电源：DC 12 V/2A。

③工作温度：−10～50℃。

④工作相对湿度：10%～90%。

⑤设备尺寸：185.24mm×90mm×21.2mm（长×宽×厚）。

4. 电磁锁、电插锁

1）工作方式

电磁锁：使用电生磁原理，在内部安装硅钢片，当电流通过硅钢片时会产生强大吸力，这股吸力就会将铁板吸附柱，因此能将门锁上，如图 6-9 所示。

图 6-9　电磁锁（KD-S280A）

电插锁：也叫阳极锁，如图 6-10 所示。阳极锁多安装于 180 度开的玻璃门上，配合电插锁安装附件（如门夹、上下无框门夹），有多种安装方式，如嵌入式安装、挂装等。

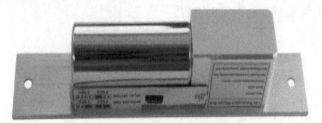

图 6-10　电插锁（KD-203F2/205D）

阴极锁：在锁体内分别设有主锁闩、副锁闩、电磁线圈及位于电磁线圈下的衔铁；在锁体外设有发射器及为电磁线圈提供电流的接收电路;在锁扣内位于副锁舌位置设有一阻挡装置。其特点:在主锁闩与副锁闩之间设有一联动装置,它们之间的运动靠传动杆的传动,在衔铁上固定有将传动杆顶起的拨杆。

特别提示:阴极锁属于通电开门型,如果没有电,则无法打开门,所以必须配备 UPS 电源。

2)功能特点

(1)电磁锁:

①安装方便、噪声小、寿命长、吸力强、无剩磁、特制导线;

②锁状态有指示灯指示,锁门时绿色指示灯亮,开门时红色指示灯亮;

③绝缘电阻测试,DC 500V(1 分钟无击穿)内置反向突破保护功能;

④有门侦测信号;

⑤断电开锁。

电磁锁的技术参数如下。

①安全类型:断电自动开锁。

②锁体尺寸:205mm×35mm×41mm(长×宽×厚)。

③短板尺寸:90mm×25mm×2mm(长×宽×厚)。

④工作电压:DC 12V+10%范围。

⑤启动电流:900mA(启动瞬间)。

⑥工作电流:100mA(完全上锁)。

⑦锁芯强度:不锈钢抛光处理,承受 800kg 压力。

⑧选用门型:木门、玻璃门、金属门、防火门。

⑨锁体表面温度:低温。

⑩门缝磁感距离:8mm。

⑪使用环境温度:−10～+55℃。

⑫使用环境相对湿度:0～90%。

⑬电锁耐用设计:专业电磁材料设计,50 万次耐用度。

⑭面板材料:高强铝合金。

⑮产品重量:0.7kg。

⑯光电控制技术,防止机械故障。

⑰超低温设计,更安全更耐用。

⑱超低功耗设计,更耐用更环保。

⑲内置反向电流防止装置(MOV)。

⑳智能型单晶片配置,三级电流应用。

㉑高强度铝合金锁体,不锈钢锁舌。

㉒产品规格齐全,适用于各类型门锁。

㉓产品通过欧盟 CE 及中国 MA 认证合格。

㉔瞬间低电流转换。

㉕门位不正,门扇顶住锁舌,电插锁也会侦察启动低功耗,低温转换。

㉖拉力 250～280kg。

（2）电插锁：

①具有电控开锁、手动开锁、关门自动上锁等功能；

②适用于左门、右门、内开门、外开门等各种门；

③可以与门禁系统配套使用，也可以独立使用；

④具有声光提示、各种工作状态显示（声音可以关断）；

⑤开锁后无人进入，门会自动上锁；

⑥锁舌具有延时功能，关门后锁舌具备延时功能并且时间可调节；

⑦具有关门提示报警功能。

5. 开门按钮

该设备原理简单，无须特别注意选型，美观实用即可，如图 6-11 所示。

图 6-11　开门按钮（KD-AN01）

技术参数如下。

（1）标准 86 型。

（2）塑料面板及按钮电气性能：最大承受电压为 48V，最大承受电流为 10A。

 关键技术

6.1　技术领域

门禁系统涉及的技术领域如下。

电子：门禁设备大多数为电子设备，其内部有 PCB 电路板，需要用到模拟电子及数字电路的知识。

机械：门锁内的锁止机构涉及机械相关原理。

光学：扫码门禁、生物识别门禁需要光的辅助。

生物技术：指纹、面部等识别方式是生物技术的应用。

6.2　门禁系统分类

门禁系统分为三大类：按身份识别方式、按设计方式、按联网类型。

按身份识别方式可分为密码门禁、刷卡门禁、生物识别门禁和二维码等。按设计方式可分为一体化门禁和分体式门禁。按联网类型可分为独立型门禁和联网型门禁。

6.3　技术选型

1. 密码门禁

密码又称为"身份标识知识"，即知道这个知识（密码）就表明拥有这个身份，由于知识具有传播的特性，因此密码极易被泄露。同时由于多人共用一个密码，因此无法通过密码区分出入者，进而无法监控出入信息。密码门禁仅适用于对安全性需求极低的场合。

优点：操作方便，无须携带卡片；成本低。

缺点：容易泄露，安全性差。

2. 刷卡门禁

刷卡门禁分为磁卡门禁与 RFID 门禁。

磁卡门禁优点：磁卡成本较低，可做到一人一卡（+密码），有开门记录。

磁卡门禁缺点：卡片及设备容易磨损，寿命较短；卡片容易复制，卡片信息容易因外界磁场原因，导致卡片无效。

RFID 门禁优点：卡片与设备无接触，开门方便安全；寿命长，理论数据至少为十年；安全性高，可联计算机，有开门记录可以实现双向控制，卡片很难被复制。

RFID 门禁缺点：由于 RFID 内部含有芯片，因此成本较高。

超高频标签是指 840～960MHz 无源射频识别标签。超高频射频识别系统具有读/写速度快、存储容量大、识别距离远和同时读/写多个标签等优点，已经在物流等领域得到越来越广泛的应用。

3. 生物识别门禁

生物识别门禁按识别方式可分为指纹门禁、人脸门禁、虹膜门禁、手掌静脉门禁等，在一般环境下用得最多的仍然是指纹门禁和人脸门禁，这两种类型的门禁兼顾了安全性和识别效率。虹膜门禁与手掌静脉门禁的安全性极高，但识别效率较低，仅适用于人流量较小的特种场合，如银行金库、监区出入口等。指纹识别门禁设备，价格便宜，但识别不稳定。人脸识别门禁设备，价格较高，识别准确，但容易受环境、光影响。

指纹门禁在身份认证前需要登记指纹。指纹登记功能一般需要在键盘上输入管理员密码进入管理员模式后，选择相应的菜单。指纹登记就是将需要出入通道的人员的指纹信息通过指纹采集器生成特征点后，存入指纹库，同时设置该指纹在某个时段允许通过的门。已登记指纹的人员在出入通道时，同样通过指纹采集器生成特征点后，将特征点与指纹库中的指纹进行比对，当有相同特征的指纹时，视为已授权。

与指纹门禁类似，人脸门禁前期也需要人脸登记这一过程，将人脸特征录入数据库。人脸门禁由于是非接触式识别，因此人脸采集器要能自动捕获视野内出现的人脸，从而实现非接触式的自动识别，这要求人脸采集系统具有人脸检测功能。深度学习就是实现人脸检测的途径。其实现的基本原理是，给深度学习算法输入大量包含人脸和不包含人脸的照片，运行深度学习算法让其自动学习彼此不同的特征，学习的照片数量（样本）越多，特征则越准确。当识别准确度达标（学习成熟）后，则将自动学习所获得的参数固化到人脸采集器的芯片内。这样，人脸采集器就能准确识别出摄像头视野内出现的人脸。

优点：不会遗失、不会被窃、无记忆密码负担、安全便捷。

缺点：目前生物识别门禁的稳定性和准确性还在进一步提升，产品价格也较之前两类偏高，适用场景也有一定的局限性。

4. 一体化门禁

一体化门禁常见于地铁、火车站、小区出入口。由于控制器在管控区域外部，为了防止有人对控制器动手脚，一体化门禁适用于有人值守的出入口。

概念：读卡器与控制器一体化。

优点：组成门禁的各个设备集成为一体，安装布线方便。

缺点：控制器须安装在管控区域的外部，专业人员无须卡片或密码可以轻松开门。

5. 分体式门禁

对于无人值守或安全性要求较高的场合，最好选用分体式门禁。分体式门禁可将控制器安装在一个较安全的区域，如受控区域天花板吊顶内部、电井内部等，防止一般人轻易接触到。

优点：各个设备独立存在，安装灵活。

缺点：各个部分均需要接线，布线施工难度较大。

6. 独立型门禁

独立型门禁也称为脱机型门禁：即单机控制型门禁，主要由独立型门禁机（含读卡和控制）、开门按钮、电控锁、电源、感应卡组成，系统不需要与计算机通信，门禁权限的设置通过本机的键盘或者母卡设置。

优点：无须计算机网络，使用简单，成本低。

缺点：安全性较差，管理不方便。

7. 联网型门禁

按照门禁控制器的分类方式，可以分为 EIA-485、TCP/IP 型。

EIA-485 型门禁的信号线有两条，属于半双工差分传输类型。一条总线上的最大设备数不应超过 120 台，总线最大距离不超过 1200m，但在实际的使用过程中最大设备数和总线最大距离均远低于理论值，因此 EIA-485 不适合设备多、距离远的大型门禁。EIA-485 型门禁在施工时需要接两条线（仅有信号线）或 4 条线（EIA-485 的电源线），因此施工接线较为复杂，但 EIA-485 无须计算机网络知识，配置及维护简单。

TCP/IP 配合交换机、路由器等设备可组成任何复杂的、远距离、跨网段的门禁，适合大型门禁。TCP/IP 型门禁使用标准化的网口接入，施工简单。

优点：管理方便、控制集中，可以查看记录，对记录进行分析处理以用于其他目的。

缺点：价格相对于独立型门禁比较高、安装维护难度大，但 EIA-485 型门禁组网方式简单。

6.4 开门流程

蓝牙开门流程、二维码读卡器开门流程、人脸识别开门流程分别如图 6-12、图 6-13、图 6-14 所示。

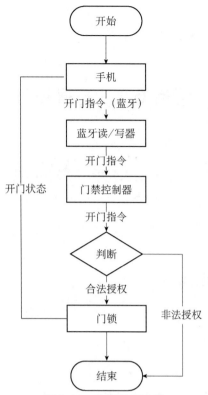

图 6-12　蓝牙开门流程

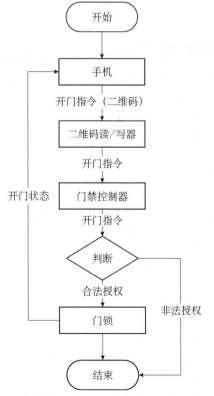

图 6-13　二维码读卡器开门流程图

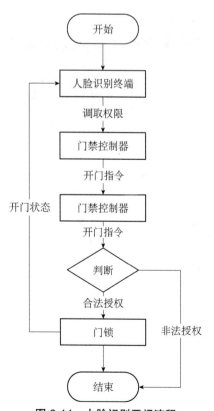

图 6-14　人脸识别开门流程

🌐 项目实施

任务 6.1   方案设计

【任务规划】

本任务为系统总体方案设计，包含需求分析、网络架构设计两大部分，通过完成本任务，让读者对门禁系统有一个整体认识，并养成良好的方案设计习惯。

【任务目标】

（1）熟悉门禁系统的市场环境；

（2）掌握网络架构设计的方法。

【任务实施】

6.1   需求分析

1. 功能分析

门禁系统功能结构图如图 6-15 所示，功能如下。

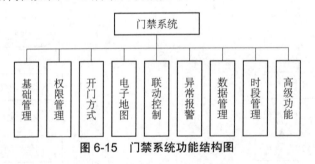

图 6-15   门禁系统功能结构图

（1）基础管理：对系统人员信息、部门信息、设备信息进行添加、编号、删除、更改、查询。

（2）权限管理：授权分为单人授权和小组授权，批量性授权可大大简化工作。

（3）开门方式：提供多种开门方式，如密码开门、卡+密码开门、超级密码开门、指纹开门、蓝牙开门、二维码开门、手机摇一摇开门、人脸识别开门等。

（4）电子地图：提供地图标签功能，添加普通标签、记数标签、滚动标签，标签可分组，过滤说明；电子地图上可统计数量，查看当前刷卡人信息，查看门禁状态，增加联动控制。

（5）联动控制。

①安防联动：开门动作（包括非法闯入、门锁被破坏）时，启动联动监视系统，发出实时报警信息。

②灯光联动：刷卡有效时，自动打开相应区域灯光。

③消防联动：出现火警时，自动打开相应区域通道。

（6）异常报警。

①胁迫报警：持卡人被胁迫要求打开门的时候，可在密码键盘上输入胁迫密码，门打开的同时向计算机发出报警信息。

②非法开门：系统添加门磁后，门禁控制器可检测门的开关状态并向计算机发送状态信息以便管理人员查询，或者在非法改变门状态时（未刷卡破门）发出报警信息。

（7）数据管理。

①可脱机运行：门禁控制器本身已具备存储、计算的功能，管理中心通过软件把此门的权限信息下载到门禁控制器，门禁控制器能保存这些信息，不依赖于管理中心的 PC 能自动识别、判断、读/写、记录进出人员的信息，PC 可随时发送指令给门禁控制器更改人员权限或读取出入记录等。

②报表查询归档：记录每次开门时间、开门卡、编号、报警原因、位置等信息。

（8）时段管理。

①时段管控：可按天设置若干个时间段，可严格控制人员在每个时段的进出与否。

②节假日设定：可以设定允许通行的时段在节假日及周末是否有效。

（9）高级功能。

防潜回：特定的门禁场合，要求执卡者从某个门刷卡进来就必须从某个门刷卡出去，刷卡记录必须一进一出严格对应。

首次开门：某个门要求某些人中的任何一个人刷卡后，其他人才能正常刷卡通行。

多门互锁：多门保持只有一道门畅通，必须等其他门关闭后才可开启另一道门。

多卡开门：某个门必须多人到场，依次刷卡后，门才被打开。

2. 场景分析

1）门禁系统常见应用场景分析

（1）小区/单位门禁；

（2）公园/游乐场门禁；

（3）酒店门禁；

（4）特殊场合的门禁，如银行/档案室/监狱等。

2）门禁系统需求分析方法

（1）访谈；

（2）现场勘察；

（3）调研问卷。

3）门禁系统需求分析过程

首先应当进行使用环境分析，不同的使用环境对门禁系统的功能要求及安全要求都不同。功能分析应当梳理门禁系统必须要实现的功能或者较为重要的功能。门禁系统属于安防类产品，因此安全性分析属于需求分析中必不可少的一项内容。最后，为了保证客户的使用体验，确保通行效率，门禁系统应当具备一定的性能，如从识别到开门的时间、记录保存的条数等。

（1）功能需求分析（身份识别、出入记录、物品防盗、异常报警、支付、逻辑开门）；

（2）性能需求分析（身份存储数量、出入记录存储数量、识别速度、误识率、拒识率）；

（3）安全需求分析（防拆报警、与摄像头或红外传感器等设备联动）。

6.2 网络架构设计

1. 局域网门禁系统网络架构

局域网门禁系统网络架构的典型特征是门禁控制器与门禁控制器、门禁控制器与管理计算的连接通过交换机连接，或通过路由器连接但路由器没有接入 WLAN。

2. 广域网门禁系统网络架构

广域网门禁系统是由局域网门禁系统拓展而来的，其典型特征是局域网门禁系统要通过路由器接入 WLAN，这样各个门禁单元可由更远距离的设备控制。

注意事项：

（1）由于与外网相连，因此必须安装防火墙。

（2）对于 EIA-485 门禁，则必须使用串口服务器将 EIA-485 转换为 TCP/IP 后传输。

3. 门禁系统网络架构设计注意事项

（1）网络安全是门禁系统的首要保障，灵活运用防火墙/VLAN 等进行访问控制。

（2）EIA-485 总线需要注意距离和总线上挂载的门禁控制器数量，同时需注意 EIA-485 应转换为 EIA-232 后才能直接接入计算机。

（3）EIA-485 无法构建大型网络，因此建议直接采用 TCP/IP 型门禁，或将 EIA-485 转换为网口。

4. 系统运行环境及约束条件

（1）建立数据中心；

（2）服务器配备专门的服务器应用程序，如数据库、IIS 等；

（3）使用 VLAN 划分，保证控制器的安全；

（4）设立访问热点。

由上，可以规划出门禁系统的网络拓扑图，如图 6-16 所示。

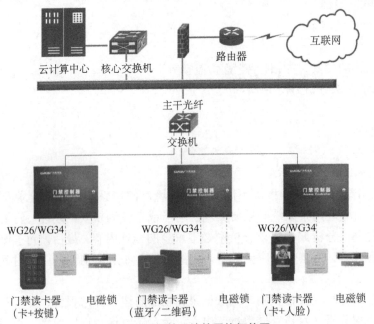

图 6-16 门禁系统的网络拓扑图

任务 6.2　实施与部署

【任务规划】

本任务为门禁系统的实施与部署，包含设备的检测、安装、接线和参数配置；让读者学会门禁系统中门禁控制器、电控锁、门禁读卡器、开门按钮的接线方法，并熟悉综合布线的相关规范。

【任务目标】

（1）熟悉综合布线的相关规范；

（2）能够安装并使用门禁控制器、电控锁、门禁读卡器和开门按钮等；

（3）能够配置门禁系统各设备的相关参数。

【任务实施】

6.1　安装准备

1. 施工步骤

设备完好性检测、管线预埋、设备安装与接线、系统调试。

2. 完好性检测

包装、配件、外观等方面的检测。

3. 功能检查

功能检查包括但不限于以下部分。

（1）产品系统是否符合要求（如系统是否具有备份功能）。

（2）带显示触摸屏的产品，显示是否正常，有无重影、屏闪、屏抖动，触摸精度是否满足要求。

（3）有刷卡、二代身份证识别、人脸识别、指纹识别、人脸识别、拍照、打印、补光灯、语音提示等相关功能，全部功能要检测实现。

（4）带有 Android 系统、X86 系统的主板设备，对主板端口功能进行检测，包括 Wi-Fi、WLAN 等网络的测试。

6.2　综合布线

根据需求，整个门禁系统工程项目的综合布线将按以下流程进行。

（1）规划设计：在开始施工前，需要熟悉并掌握门禁系统的设计、施工、验收规范要求。同时，所有参与人员应熟悉和会审施工图纸。

（2）管线敷设：这个过程包括线槽的安装、管道的铺设等。门禁系统的管线敷设需要满足国家电信部门有关的施工规范和 EIA/TIA569 标准。

（3）设备安装：安装门禁控制器、门禁读卡器、开门按钮、电控锁等设备。

（4）线缆连接：将门磁线等线缆连接到相应的设备上。门磁线到门禁控制器端口之间的线，建议选择 2 芯线，截面积在 $0.5mm^2$ 以上。

（5）整理文档和贴标签：为所有的设备和线路贴上标签，方便日后的维护和管理。同时，需要整理好所有的文档，包括设计图纸、施工记录等，以备查阅。

注意：布线要规范，电缆管不应有穿孔、裂缝和显著的凹凸不平，内壁应光滑；金属电缆管不应有严重锈蚀；硬质塑料管不得用在温度过高或过低的场所；在易受机械损伤的地方和在受力较大处直埋时，应采用足够强度的管材。

6.3 设备安装

1. 门禁控制器的安装

1）辨识单门与双门

单门：指门禁控制器能控制的通道数量为 1，其表现在电控锁的接线端口只有一个。

双门：指进门和出门方向均支持身份认证，其表现的读卡器的接线端口有两个，分别负责进门方向与出门方向的身份认证。

2）与电源线连接

使用 3 芯电源线，截面积在 $1.0mm^2$ 以上，且要求电源一定要接地，以避免电源干扰。

3）与网络设备的连接

和计算机网络布线的方法一样，门禁控制器到交换机用普通网线，距离要小于 100m，距离越长对线的质量要求越高。建议使用品牌网线。

4）设备安装

（1）从包装箱中取出设备，平稳放置，按照接线图连接好线路（详见设备接线说明书）。将各设备的电源线插入电源插座，接通所有电源。

（2）门禁控制器安装在专用的门禁控制箱内，门禁控制箱需要接入交流 220V 电源，在门禁控制箱处需要有一个强电插座。门禁控制器一般安装在弱电井内，门禁控制器至交换机用网线连接，网线距离不能超过 100m。

（3）单门控制器可以连接两个门禁读卡器，但是一般情况为了节约成本都选择进门通过门禁读卡器刷卡，出门按开门按钮的方式。

（4）门禁控制器到门禁读卡器接线的截面积 $\geq 0.22mm^2$，可以采用超五类屏蔽网线或者 4 芯双绞屏蔽线，如要接两个门禁读卡器则布线线缆增加一倍。门禁控制器到门禁读卡器的距离不要超过 50m。

（5）门禁控制器到开门按钮接线的截面积 $\geq 0.22mm^2$，可以采用超五类屏蔽网线或者 2 芯双绞屏蔽线。

2. 门禁读卡器的安装

1）认识韦根

Wiegand 协议是国际上统一的标准，是由摩托罗拉公司制定的一种通信协议，适用于门禁系统的门禁读卡器。

Wiegand 协议很多格式，最常用的格式是 26-bit，即韦根 26，此外还有 34-bit、32-bit、36-bit、37-bit、42-bit、44-bit 等格式。标准 26-bit 格式是一个开放式的格式，它是广泛使用的工业标准，几乎所有的门禁控制系统都接受标准的 26-bit 格式。

Wiegand 接口由 3 根导线组成。

DATA0——简称 D0，或称为 Wg0/Wiegand 0，韦根信号 0，通常线的颜色为绿色。

DATA1——简称 D1，或称为 Wg0/Wiegand 0，韦根信号 1，通常线的颜色为白色。

GND——韦根信号地，通常为黑色。

韦根信号线除必须使用的 3 根导线外，通常还需考虑韦根设备供电线 VCC（一般为红色线）。

2）与门禁控制器的接线

只需要按照说明书将门禁读卡器的线与门禁控制器身份识读器端口一一对应连接即可。

3）设备安装

（1）确定设备、电源线、通信线的安装位置，确定安装背板墙体的承载量足够大。

（2）用十字螺丝刀松开门禁读卡器底部的十字螺丝，取下背板，用膨胀胶塞和螺钉通过背板的 4 个安装孔固定好背板，确认是否牢固稳定；最后合上门禁读卡器面板，固定面板和背板前面的螺钉。

（3）电源蓝色指示灯常亮表示电源接通或正在通信状态；读/写卡时变为绿色指示灯闪烁 1 次；按触摸键盘成功时，数字键的蓝色指示灯闪烁 3 次。

3. 二维码读卡器的安装

同门禁读卡器，安装位置参考门禁读卡器的安装位置。

4. 指纹读卡器的接线

注意指纹读卡器为一体化门禁，无须安装额外的门禁控制器。指纹读卡器需配合门禁电源一起使用，可支持常开型和常闭型电控锁。常开型电控锁连接门禁电源的 NO 端，常闭型电控锁连接门禁电源的 NC 端。

安装过程如下：

（1）安装设备前，提前确定设备的安装位置，将挂板固定到墙上，建议高度为 1.4～1.5m；

（2）将机器安装到挂板上，并使用内六角螺丝固定；

（3）参照接线图连接外围设备，接好线后调试设备。

5. 人脸读卡器的接线

阅读厂家的设备说明书，安装时，应当避免测光、过渡曝光、逆光的情形。

6. 电控锁的接线

1）继电器端口

公共端：简称为 COM 端，接受控设备的 GND 端或者 VCC 端。

常开：Normal Open，简称 NO，即在没有接收到受控信号时，与 COM 端是断开的。

常闭：Normal Closed，简称 NC，即在没有接收到受控信号时，与 COM 端是连通的。

2）电控锁的分类

电磁锁：通电锁门，断电开门。

电插锁：通电锁门，断电开门。

阴极锁：断电锁门，通电开门。

3）接线原则

在没有开门信号时，电控锁必须处于锁闭状态。

4）设备安装

各类电控锁的接线如图 6-17、图 6-18、图 6-19 所示。

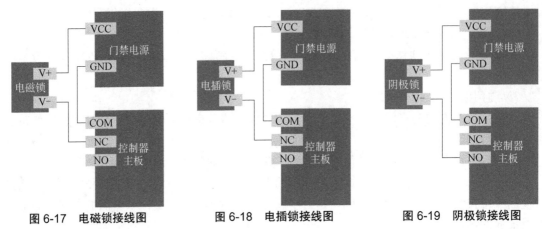

图 6-17　电磁锁接线图　　　　图 6-18　电插锁接线图　　　　图 6-19　阴极锁接线图

任务 6.3　验收与运维

【任务规划】

本任务为系统软件的验收与运维，包含系统的功能测试、项目验收和故障处理，通过完成本任务，让读者学门禁系统功能测试的步骤及方法，熟悉项目验收的流程，基本具备系统运维的能力。

【任务目标】

（1）能够对系统的功能进行测试；
（2）能够完成项目验收；
（3）能够对门禁系统常见故障进行处理。

【任务实施】

6.1　系统功能测试

1. 测试流程

测试流程如图 6-20 所示。

门禁控制器设置：包括搜索门禁控制器设备，设置门禁控制器时间及 IP 地址，设置门禁控制器的通道控制参数等。

发卡：包括添加用户、添加卡号，并将卡号与用户绑定、设置权限等操作。

下载到门禁控制器：将卡号与对应的权限通过网络下发到门禁控制器。

2. 软件设置

（1）设置门禁控制器步骤：添加区域、搜索门禁控制器、新增门禁控制器、设置门信息。

单击"新增""修改""删除"按钮,可对门禁区域进行管理,以方便对门禁数据按区域进行汇总。

保存:保存添加结果。

更新:保存修改结果。

删除:选择一条数据,单击"删除"按钮进行删除操作。

单击左侧的"门禁控制器管理"菜单,再单击"搜索控制器"按钮,弹出的窗口将会显示出搜索到的控制器。只有门禁控制器与管理端在同一个网段时,才能被搜索到,搜索大约需 5s。

在上一步骤输入门禁控制器后会出现相应的门信息。设置完门的信息后,单击"保存"按钮即完成了门禁控制器的设置。

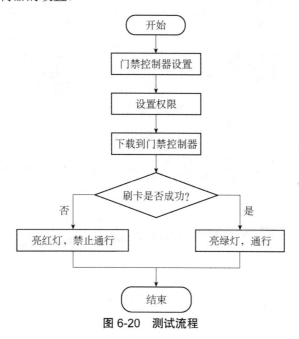

图 6-20 测试流程

（2）设置权限步骤:添加用户、发卡、添加时段、设置门权限。

在左上角的菜单切换系统,选择"中心管理平台"选项,再选择下方"人事中心"菜单中的"用户管理"选项。

在右侧界面上选择"新增"按钮,再在表格下方的表单中填写信息,如图 6-21 所示。

在桌面端程序"制卡中心"为该用户发卡,单击"读取"按钮,通过桌面式 RFID 阅读器获取卡号。

切换到"门禁管理系统",在左侧"门禁管理"菜单中展开,单击"控制时段"选项,在右侧单击"新增"按钮,在下方输入时段信息。该步骤可以省略,从而使用默认时段,即 7×24 小时,如图 6-22 所示。

选择"门禁管理"菜单下的"权限设置"选项,单击"添加删除权限"按钮,在弹出的窗口中搜索刚添加的用户,如图 6-23 所示。在"添加删除权限"界面中,进行相关设置,并在右侧选择要添加权限的门,如图 6-24 所示。

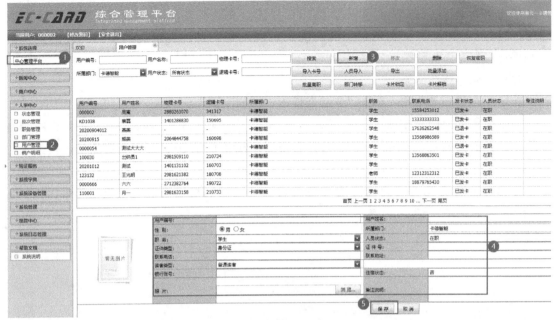

图 6-21　添加用户

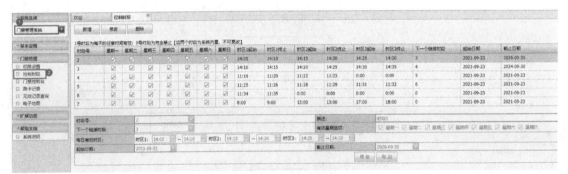

图 6-22　添加时段

图 6-23　设置门权限

（3）下载到控制器：选择控制器、下载。

　　由于卡号对应的权限必须要下发到控制器的存储区域内才生效，所以必须通过网络传输刚才的设置信息到控制器中。刚才在系统的设置仅仅是保存到数据库内，并没有在控制器内生效。

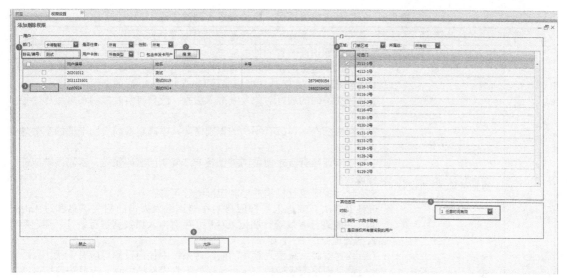

图 6-24　"添加删除权限"界面

选择"门禁管理"菜单下的"门禁控制台"选项，选中要生效权限的控制器，最后单击"上传参数"按钮。

6.2　项目验收

门禁系统实施与部署结束后与其他建筑工程类似，需要进行工程验收以检测该工程是否达到国家标准，如通过验收该工程即可投入使用，如存在问题则需要进行工程整改甚至重建。门禁系统验收时参考的标准和规范有全国安全防范报警系统标准化技术委员会出台的《出入口控制系统技术要求》（GA/T 394—2002）。

上述标准为推荐标准，非强制性标准，即在实际的实施过程中，可以有所不同。

1. 工程验收

工程验收包括合格性指标、检测方法、检测设备、检测报告、不合格项处理，其中检测报告应包括：检测依据、检测设备、检测结果列表。不合格项处理包括系统基本合格应明确整改内容和措施。将整改结果作为系统检测报告附件，在系统验收时一并提交。系统不合格，必须限期整改，根据不合格的具体情况，确定整改期限，在整改后重新进行检测。

2. 检测机构

检测须由获得国家认可的相关检测机构负责，检测完成后由检测机构按规定格式出具检测报告。

3. 验收

建设方宜委托第三方机构进行项目验收，也可交由建设方组织的有关专家、检测机构代表和有关人员参加的验收组进行。

门禁系统项目验收方法及系统功能检查如表 6-2、表 6-3 所示。

表 6-2　门禁系统检验项目、检验要求及测试方法

序　号	检验项目	检验要求及测试方法
1	出入目标识读装置功能检验	1.出入目标识读装置的性能应符合相应产品标准的技术要求； 2.目标识读装置的识读功能有效性应满足 GA/T 394—2002 的要求
2	信息处理/控制设备功能检验	1.信息处理/控制/管理功能应满足 GA/T394—2002 的要求； 2.对各类不同的通行对象及其准入级别，应具有实时控制和多级程序控制功能； 3.不同级别的入口应有不同的识别密码，以确定不同级别卡证的有效进入； 4.有效卡证应有防止使用同类设备非法复制的密码系统，密码系统应能修改； 5.控制设备对执行机构的控制应准确、可靠； 6.对于每次有效进入，都应自动存储该进入人员的相关信息和进入时间，并能进行有效统计和记录存档。可对出入口数据进行统计、筛选等数据处理； 7.应具有多级系统密码管理功能，对系统中任何操作均应有记录； 8.门禁管理系统应能独立运行，当处于集成系统中时，应可与监控中心联网； 9.应有应急开启功能
3	执行机构功能检验	1.执行机构的动作应实时、安全、可靠； 2.执行机构的一次有效操作，只能产生一次有效动作
4	报警功能检验	1.当出现非法授权进入、超时开启时应能发出报警信号，应能显示出非法授权进入、超时开启发生的时间、区域或部位，应与授权进入显示有明显区别； 2.当识读装置和执行机构被破坏时，应能自动报警
5	其他项目检验	具体工程中具有的而以上功能中未涉及的项目，其检验要求应符合相关标准、工程合同及设计任务书的要求

表 6-3　门禁系统功能验收表

检查项目		功能	是否合格
前端设备	门禁读卡器	通电试验	
		门禁读卡器灵敏度	
		防拆、防破坏功能	
		读卡功能	
		环境对门禁读卡器工作有无干扰的情况	
	门禁控制器	通电试验	
		防拆、防破坏功能	
		控制功能	
		动作实时性	
	后备电源	电源品质	
		电源自动切换情况	
		断电情况下电池工作状况	
	电控锁	通电试验	
		开关性能、灵活性	
管理功能		现场设备接入的完好率	
		非法侵入时的报警功能	
		门禁读卡器信息存储功能	
		电子地图功能	
		紧急状态下的开/关功能	
		联动功能	

6.3　故障处理

1. 打开门禁交互服务报错

解决方法：使用配置工具重新配置门禁交互服务的数据库连接地址，同时交互服务的 IP 地址为当前设备的 IP 地址，将端口配置为 61005。

2. 添加门禁控制器提示不是本公司产品

解决方法：联系客服，索要发行扩展码写入工具并进行处理。

3. 系统提示下载权限成功，但是在设备刷卡时无法开门

解决方法：首先检测门禁读卡器是否通电，韦根输出线 D0、D1 方向是否接反，然后检测门禁读卡器输出是 WG26 还是 WG34（判断门禁读卡器输出方式是看门禁读卡器的预留线是否有灰色线，如果有，那么门禁读卡器默认的输出就是 WG26；如果预留线没有灰色线那就说明禁读卡器默认的输出是 WG34）。

4. 电磁锁关门的指示灯显示绿灯，开门显示红灯

解决方法：门磁吸片安装方向反了，调整安装方向即可。

🌐 项目拓展

一、单选题

1. RFID 技术是一种（　　）的自动识别技术。

A. 接触式　　　　　　B. 非接触式　　　　　　C. 非交互式　　　　　　D. 交互式

2. 不属于射频识别技术优点的是（　　）？

A. 信息量大　　　　　　　　　　　　B. 保密性好

C. 体积大，易封装　　　　　　　　　D. 通信速度慢

3. 以下哪个特点描述，不属于人脸识别系统的特点？（　　）

A. 非强制性　　　　　B. 非接触性　　　　　C. 视觉特性　　　　　D. 光电特性

二、多选题

1. 二维码是新一代条码技术，具有（　　）特点。

A. 信息量大　　　　　　　　　　　　B. 纠错能力强

C. 识读速度快　　　　　　　　　　　D. 全方位识读

2. 人脸识别系统具备下面哪些功能？（　　）

A. 用户识别　　　　B. 口令管家　　　　C. 访客留影　　　　D. 实时监控

三、填空题

1. RFID 是（　　）的简称。

2. 我国第二代身份证内含 RFID 芯片，其工作频率是（　　）MHz。

3. RFID 系统中间件系统结构包括（　　）、（　　）、（　　）。

4. RFID 标签的分类，按通信方式分为（　　）、（　　）。

5. 国际标准（国际物品编码协会 GS1），射频识别标签数据规范 1.4 版（英文版），也简称（　　）规范。

四、判断题

1. 条码技术与 RFID 技术可以优势互补。（　　　）

2. IC 卡识别、生物特征识别无须直接面对被识别标签。（　　　）

3. 低频标签可以穿透大部分物体。（　　　）

4. 为了防止碰撞的发生，射频识别系统中需要设计相应的防碰撞技术，在通信中这种技术也称为差错控制技术。（　　　）

5. 二维码具有纠错功能。（　　　）

五、简答题

1. 简述 RFID 技术的工作原理？

2. 请说明人脸识别系统在室外使用时，如何降低环境对识别率的影响？

六、综合题

1. 人脸识别技术是指利用分析比较的计算机技术识别人脸，并将其与已知的人脸进行比对，从而识别每个人脸的身份；目前该项技术主要应用于学校、小区等的门禁系统中，该技术的应用使学校、小区的出入更加便捷，管理更加科学；请根据所学知识要点分析人脸识别门禁系统的工作流程，并绘制一份流程图。

2. 道闸（人行）主要用于管理和控制人流，并在出入口规范行人，在学校各出入口通道处、小区门禁通道，以及地铁站等都可以见到；而随着二维码技术的广泛运用，道闸也由传统闸门升级为二维码道闸、人脸识别道闸等智能型道闸。如图 6-25 所示是一个典型的二维码通道管理系统原理图，请补充合适的设备将该图补充完整，并注明设备名称。

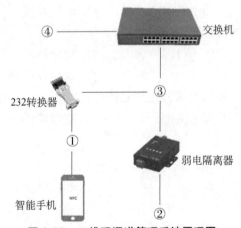

图 6-25　二维码通道管理系统原理图